"十三五"国家重点图书出版规划项目

奶牛提质增效关键技术

中国农业科学院组织编写

张军民　卜登攀　主编

中国农业科学技术出版社

图书在版编目（CIP）数据

奶牛提质增效关键技术 / 张军民，卜登攀主编 . —
北京：中国农业科学技术出版社，2017.9
　ISBN 978-7-5116-3247-0

　Ⅰ . ①奶…　　Ⅱ . ①张…　②卜…　　Ⅲ . ①乳牛—饲
养管理　Ⅳ . ① S823.9

中国版本图书馆 CIP 数据核字（2017）第 224608 号

责任编辑　　张国锋
责任校对　　贾海霞

出 版 者　　中国农业科学技术出版社
　　　　　　北京市中关村南大街 12 号　邮编：100081
电　　话　　（010）82106636（编辑室）（010）82109702（发行部）
　　　　　　（010）82109709（读者服务部）
传　　真　　（010）82106631
网　　址　　http://www.castp.cn
经 销 者　　各地新华书店
印 刷 者　　北京地大天成印务有限公司
开　　本　　880mm×1 230mm　1 /32
印　　张　　6.5
字　　数　　180 千字
版　　次　　2017 年 9 月第 1 版　2017 年 9 月第 1 次印刷
定　　价　　36.00 元

编委会

《画说『三农』书系》

主　任	陈萌山

副主任　李金祥　王汉中　贾广东

委　员	郭　玮	张合成	王守聪	贾敬敦
	杨雄年	范　军	汪飞杰	梅旭荣
	冯东昕	袁龙江	王加启	戴小枫
	王东阳	王道龙	程式华	殷　宏
	陈巧敏	骆建忠	张应禄	

编写人员

《奶牛提质增效关键技术》

主　编　张军民　卜登攀

副主编　赵青余　周振峰　杨　库　赵连生

编　者　（以姓氏笔画为序）

卜登攀	卫喜明	马　慧	王　典	王建华
王旭荣	叶耿平	甘文平	刘云祥	刘　勇
曲永利	朱化彬	朱红宾	何　举	张军民
张幸开	张金友	张智明	李志强	李秀波
李建喜	李　栋	李锡智	李慧龙	杨　库
苏衍菁	周振峰	周凌云	尚　斌	武晓东
胡　森	赵连生	赵青余	徐　云	陶秀萍
屠　焰	崔　彪	黄剑黎		

序言

《画说『三农』书系》

　　让农业成为有奔头的产业，让农村成为幸福生活的美好家园，让农民过上幸福美满的日子，是习近平总书记的"三农梦"，也是中国农民的梦。

　　农民是农业生产的主体，是农村建设的主人，是"三农"问题的根本。给农业插上科技的翅膀，用现代科学技术知识武装农民头脑，培育亿万新型职业农民，是深化农村改革、加快城乡一体化发展、全面建成小康社会的重要途径。

　　中国农业科学院是中央级综合性农业科研机构，致力于解决我国农业战略性、全局性、关键性、基础性科技问题。在新的历史时期，根据党中央部署，坚持"顶天立地"的指导思想，组织实施"科技创新工程"，加强农业科技创新和共性关键技术攻关，加快科技成果的转化应用和集成推广，在农业部的领导下，牵头组建国家农业科技创新联盟，联合各级农业科研院所、高校、企业和农业生产组织，建立起更大范围协同创新的科研机制，共同推动农业科技进步和现代农业发展。

　　组织编写《画说"三农"书系》，是中国农业科学院在新时期加快普及现代农业科技知识，帮助农民职业化发展的重要举措。我们在全国范围遴选优秀专家，组织编写农民朋友喜欢看、用得上的系列图书，图文并茂地展示最新的实用农业科技知识，希望能为农民朋友充实自我、发展农业、建设农村牵线搭桥做出贡献。

中国农业科学院党组书记　陈萌山

2016 年 1 月 1 日

前言

奶牛提质增效关键技术

奶业是中国的新兴产业，也是社会高度关注的产业。近年来，我国奶业发展平稳、转型升级明显加快，整体素质不断提升，现代奶业的格局初步形成。2016年，我国牛奶产量3 602万吨，位居世界第三位。全国100头以上奶牛规模养殖比重达到53%，规模养殖场机械化挤奶率达到100%。与此同时，我们也面临一些挑战，突出表现在以下方面：一是奶牛单产低，饲料转化率低；二是奶牛繁殖效率低，奶牛利用年限短；三是牛奶质量偏低，存在安全隐患；四是奶牛健康差，养殖环境问题凸显。

针对中国奶业存在的问题，2015年中国农业科学院启动了"奶牛提质增效技术集成模式研究与示范项目"，该项目由中国农业科学院北京畜牧兽医研究所牵头，联合10余家政府技术推广部门、科研院所、大学、企业等实施。项目针对我国不同地区、不同规模奶牛养殖技术需求，通过综合技术集成与高效生产模式的研究与示范应用，提高奶牛单产、饲料转化率和生鲜乳质量安全水平，实现并带动奶牛生产提质增效，充分发挥中国农业科学院在我国奶业发展中的技术支撑作用。

为更好地深入贯彻落实"中央1号文件"精神，振兴奶业，我们联合各级农业科研院所、高校、技术推广部门、协会、企业等，遴选管理、科研、生产等领域的优秀专家，组织编写了《奶牛提质增效关键技术》，旨在图文并茂、浅显易懂地将能促进奶牛提质增效的关键技术呈现给一线管理者、生产者和服务者，为我国奶牛养殖持续健康发展做出贡献。本书在出版过程中得到了中国农业科学院科技创新工程协同创新任务——"奶牛绿色提质增效技术集成创新"（CAAS-XTCX2016011-01）、中国农业科学院北京畜牧兽医研究所基本科研业务费专项资金项目"奶牛提质增效技术集成模式研究与示范"（2016ywf-yb-15）资助。

编写本书中农业部相关司局给予了很多指导，各章节作者及作者单位给予了极大支持，在此一并表示感谢！错误或不足在所难免，敬请批评指正！

编者委员会

2017 年 8 月 8 日

Contents 目 录

第一章

我国奶牛生产现状

近年来，在政策的扶持下，在技术的引导下，我国奶牛生产技术全面提升、转型升级步伐明显加快。其中，标准化规模养殖水平大幅提高，规模牧场设施设备和管理水平不断升级，奶牛饲养环境和生产条件显著改善，全面实现机械化挤奶、生鲜乳冷链储运、生鲜乳卫生和营养指标大幅提升。

第一节　生产现状

一、奶类产量

2016年，我国奶类产量3 712万t，同比下降4.1%。其中，牛奶产量3 602万t，同比下降4.1%。我国奶类产量位于印度和美国之后，居世界第三位，约占全球总产量的4.7%。

二、规模养殖水平

2016年，我国奶牛场（户）均存栏奶牛75头，同比增加43头，增幅74.4%；100头以上规模养殖比例达到53.0%，同比提高4.7个百分点，比2011年提高20.1个百分点。

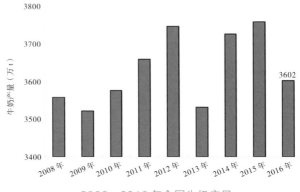

2008—2016 年全国牛奶产量

（数据来源：国家统计局）

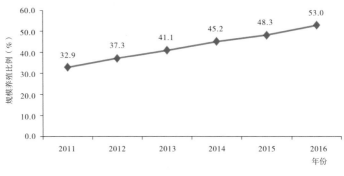

2011—2016 年中国奶牛规模养殖比例变化

（数据来源：农业部）

三、奶牛单产水平

2016 年，我国荷斯坦奶牛平均单产 6.4t，同比增加 400kg，比 2011 年增加 1.1t。对 1500 多个 100 头以上的规模牧场奶牛生产性能测定显示，奶牛平均日产 28.1kg，折合年单产 8.4t（表 1-1）。

表 1-1 2011—2016 年规模牧场奶牛平均单产

年度	参测牛（只）	日产奶量（kg）
2011	46.37	24.1
2012	52.6	24.5
2013	52.9	24.3
2014	73.8	25.8
2015	79.50	27.1
2016	100.5	28.1

数据来源：农业部

四、生鲜乳价格

2016 年，我国生鲜乳价格仍处于低位。据监测，10 个主产省（区）[1]全年平均价格 3.47 元/kg，同比略有增长。2011 年以来，生鲜乳价格年均增长率 1.6%，小于牛奶销售价格年均增长率 5.4% 的涨幅。

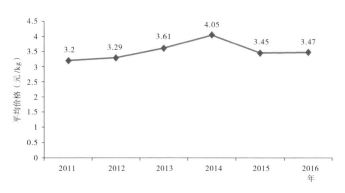

2011—2016 年主产省（区）生鲜乳平均价格趋势

（数据来源：农业部）

---

[1] 指河北、山西、内蒙古自治区（以下称内蒙古）、辽宁、黑龙江、山东、河南、陕西、宁夏回族自治区（以下称宁夏）、新疆维吾尔自治区（以下称新疆）。2016 年 10 省（区）生鲜乳产量占全国的 83.1%

五、奶农组织化程度

2016 年，中国奶农专业生产合作社 16037 个，同比增加 876 个，增幅为 5.8%，是 2011 年的 1.6 倍多，奶农组织化水平逐年提升。

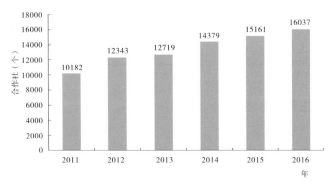

2011—2016 年中国奶农专业生产合作社数量

（数据来源：农业部）

第二节 生产问题

一、竞争力偏弱

据农业部 500 个集贸市场价格定点监测，2016 年我国生鲜乳价格平均 3.47 元 /kg。而据国际奶业经济学会公布，2016 年全球原料奶平均价格 27.7 美元，折合人民币为 1.84 元 /kg。两者相差 1.63 元 /kg（人民币），我国生鲜乳的生产成本明显高于全球平均水平。与奶业发达国家相比，我国奶牛饲料转化率 1.2，低 0.2 左右；规模牧场人均饲养奶牛 40 头，只有欧美国家的一半。

二、单产水平低

受品种、草料、管理等因素的影响，我国奶牛单产水平还较低。2016 年，全国荷斯坦奶牛平均单产 6.4t，与奶牛养殖发达国家平均单产 8t 相差 1.6t，与以色列 10t 以上水平相差 3.6t。但一些规模养殖集团，如东营澳亚、三元绿荷、光明荷斯坦等，由于品种整齐、营养配餐和管理科学等优势，奶牛平均单产达到了奶牛养殖发达国家水准，达到了 8~10t。

三、优质饲草缺乏

据统计，我国青贮玉米种植面积约 2 100 万亩（15 亩 = 1hm²），不能满足奶牛养殖发展需要，同时，2016 年我国优质苜蓿种植面积 350 万亩，产量 210 万吨，但仍存在较大缺口，主要依靠进口。2016

年共进口苜蓿 138.8 万 t，比上年增加 14.7%。青贮玉米、苜蓿等优质饲草料缺乏，已成为制约奶业发展的瓶颈。

四、环境压力大

奶牛粪、废水排放量较大，一个千头奶牛场，每天排放粪、废水量近 40t，处理不好，容易污染环境。《畜禽养殖污染防治条例》规定，未建设污染防治配套设施或者自行建设的配套设施不合格，也未委托他人对畜禽养殖废弃物进行综合利用和无害化处理，畜禽养殖场、养殖小区即投入生产、使用，或者建设的污染防治配套设施未正常运行的，由县级以上人民政府环境保护主管部门责令停止生产或者使用，可以处 10 万元以下的罚款。对将畜禽养殖废弃物用作肥料，但超出土地消纳能力，造成环境污染的；从事畜禽养殖活动或者畜禽养殖废弃物处理活动，未采取有效措施，导致畜禽养殖废弃物渗出、泄漏的。政府环境保护主管部门责令其停止违法行为，限期采取治理措施消除污染，依照《中华人民共和国水污染防治法》《中华人民共和国固体废物污染环境防治法》的有关规定予以处罚。

而要解决这些问题，除政策扶持外，主要依靠产业自身技术创新、模式创新，通过节本、增产、提质和增效，从根本上推动奶牛养殖持续健康发展。

第三节　生产趋势

一、养殖区域进一步集中

《全国奶业发展规划（2016—2020）》强调，根据市场需求、资源环境、消费习惯和现有产业基础等因素，巩固发展东北和内蒙古产区、华北产区，稳步提高西部产区，积极开辟南方产区，稳定大城市周边产区，让奶业布局进一步优化。但《畜禽养殖禁养区划定技术指南》要求，在饮用水水源保护区、自然保护区的核心区和缓冲区、风景名胜区、城镇居民区、文化教育科学研究区等区域，以及江河源头区、重要河流岸带、重要湖库周边等对水环境影响较大的区域，要科学合理划定禁养区范围，切实加强环境监管，促进环境保护和畜牧业协调发展。南方水源地较多、风景区集中、居住密度大，受禁养的影响将逐步减少奶牛养殖，向北方、西部转移。因此，我国奶牛养殖区域将进一步集中。

二、规模水平进一步加大

未来，将进一步支持养殖场改扩建、小区牧场化改造和家庭牧场发展，将重点建设标准化圈舍、粪污处理、防疫、挤奶设施及饲草料基地等，支持企业自有自控奶源基地建设，引导适度规模养殖。在规模养殖中，将深入实施《中国奶牛群体遗传改良计划（2008—2020年）》，促进优质饲草料生产，推进奶牛粪污综合利用，加强奶牛疫病防控等。

三、现代化水平进一步加大

我国奶牛养殖正由传统养殖向现代养殖过渡转型，未来这一趋势和过程会继续进行，并有望进一步加快、加大和加强。转型中要加大牧场物联网技术、智能化技术及设施设备的应用，提升奶业生产机械化、信息化、智能化水平。

四、产业一体化进一步加快

为提高生产效率，增强竞争能力，将进一步发展龙头企业、家庭牧场、奶农专业合作组织等新型经营主体，提高组织化程度和风险抵御能力。支持加工企业自建、收购、参股、托管养殖场，提高自有奶源比例，促进一、二、三产业融合发展。推行《生鲜乳购销合同（示范文本）》，督促严格履行购销协议，建立长期稳定的购销关系，实行订单生产，逐步形成奶农与乳品企业利益共享、风险共担的长效机制。尝试第三方检测试点，促进优质优价，积极发展社会化服务，提升奶牛养殖场繁育、饲养管理等专业化、规范化水平。

第一节　饲草饲料

一、优质全株玉米青贮调制与质量评价技术

【适用范围】全株玉米青贮生产、质量评价及应用。

【解决问题】规范全株玉米青贮制作、质量评价和取用方法，指导优质全株玉米青贮制作与应用。

【技术要领】

1. 全株青贮玉米品种选择

不一定选择专用青贮玉米品种，但要选择与当地气候特点相匹配的玉米品种，以玉米穗大、成熟期短、产量高为宜。

全株青贮玉米

2. 收获时玉米的成熟度

（1）控制水分含量　优质的青贮原料是调制优质青贮饲料的物

质基础。适时刈割不但可以在单位面积上获得最大营养物质产量，而且水分和可溶性碳水化合物含量适当，有利于乳酸发酵，易于制成优质青贮饲料。

当全株玉米干物质含量为 30%~35% 时制作青贮，能使产量、营养价值和消化率达到最佳平衡点。玉米籽实的乳浆线是一个粗略估算整植株水分的指标，一般情况下，当达到 50% 乳浆线时为适宜收获时间（表 2-1），整株水分在 50%~74%。但很多玉米品种的乳浆线并不明显，大多数杂交品种出苗和吐丝期间的差异较大。

玉米籽粒乳浆线

表 2-1　玉米成熟阶段与距离 50% 乳线的时间

成熟阶段	离 1/2 乳线的大约天数（d）
吐丝	35~45
灌浆	25~35
乳熟	15~25
蜡熟早	5~15
1/2 乳浆线	0

实践中可采用手握法判断青贮水分，将全株玉米切碎到 1~2cm 长度作为样品，成年男子单手抓握适量样品，尽全力握手。松手后，样品球缓慢散开，手掌仅有少量水分附着，此时干物质含量超过 30%，适宜制作青贮；当样品成球状，水分容易从指尖流出时，干物

质含量低于25%；样品刚好能维持球状，手上有少量水分，干物质含量在25%~30%；样品球状缓慢散开，手上几乎没有水，干物质含量在30%~40%；样品球迅速散开，手上没有水时，干物质含量超过40%。

（2）控制淀粉含量　玉米青贮是奶牛主要的能量和优质纤维来源，淀粉是重要的能量来源之一。收获时的成熟度影响淀粉含量。如果收获过早，籽粒成熟度不够，淀粉含量低，同时在压实过程中也会造成营养物质流失。如果收获过晚，尽管淀粉含量高，但纤维含量也高，消化率低，不仅贮窖难于压实，影响发酵的质量，也缩短青贮保存期。玉米籽实中淀粉的沉积是整株水分减少的主要原因之一，玉米全株水分每天减少0.5%~1.0%，此时每天沉积的淀粉为0.5%~1.0%，全株青贮玉米淀粉含量宜控制在30%~35%为宜。

3. 收获过程

收获的目标是全株玉米切短后的长度，长到能够提供能保障瘤胃健康的有效纤维，短到能保证良好的压实效果。做到切刀锋利，切面整齐，尽量减少液体"渗出"，保证切断效果，破碎玉米籽实，保证淀粉能被较好地消化吸收。

收获全株玉米

（1）控制理想切割长度　玉米青贮理论最佳切割长度为13~15mm。

（2）玉米籽实破碎效果　在收割的时候将玉米籽实压碎，一般玉米籽粒破碎4瓣为宜。籽实处理受设备、籽实成熟度和硬度的影响。籽实处理与动物瘤胃和小肠消化率相关。

（3）接种发酵　青贮过程中对青贮品质有较大影响的微生物主要包括乳酸菌、酵母菌、腐败菌、丁酸菌（酪酸菌）、醋酸菌和霉菌等。其中乳酸菌和酵母菌为有益菌，腐败菌、丁酸菌、醋酸菌和霉菌为可降低青贮品质的有害菌。刚刈割的全株玉米中腐败菌最多，乳酸菌很少。为抑制腐败菌的繁殖，促进乳酸菌的繁殖，可添加乳酸菌以提高玉米青贮发酵质量和稳定性。

破碎的玉米籽粒

4.压实

青贮料紧实程度是青贮成败的关键之一。青贮紧实程度适当，发酵完成后饲料下沉不超过深度的 10%；如果压实不当，青贮过程中温度增加、pH 值升高、干物质损失增加，有氧发酵增加。

装窖（或堆贮）前，先将青贮窖（或堆贮地）打扫干净。装填青贮料时应逐层装入，每层铺料厚度 10~20cm，越薄越好，填料坡度控制在每 3~4m 增加 1m。控制装填速度与压实密度，按照每小时运料 1t 需 400kg 的压实机械重量控制。理想的压实标准为 240~270 kg DM/m³，鲜料为每立方米 700~800kg。在条件允许的情况下应该保持压实设备不间断碾压，直至达到预期标准为止。

压实

压实

对于窖顶及窖边的压实，设备自重不宜过大，否则因自重太大的设备碾压过后会在表面留下较深的车辙，容易导致表面碾压之后不平整，封膜后会残留较多氧气，不利于青贮制作。因此，生产中可用自重5t左右的设备负责封窖前的"找平"工作。

压实（"找平"）

5. 封窖

严密封窖、防止漏水漏气是调制优质青贮料的一个重要环节。青贮容器密封不好，进入空气或水分，有利于腐败菌、霉菌等繁殖，使青贮料变质。填满窖后，铺盖塑料薄膜，然后再用土覆拍实，厚

奶牛提质增效关键技术

30~50cm，并做成馒头形，有利于排水。封膜时建议双层膜密封，内层隔氧膜，外层黑白膜。接缝处重叠0.5~1m。内层接缝处可不做处理，外层黑白膜接缝处建议用胶粘好，最后轮胎压实。接近地面处用土或者沙袋压好，尽可能减少外界氧气的渗入。

封窖（封膜）

封窖

封窖（压轮胎）

6. 青贮取用管理

青贮开窖后，要现取现用，不要堆积过夜，根据牛场的实际情况制定合理的青贮取用计划，尽量减少开窖后的氧化损失。禁饲霉变青贮，同时注意取用安全。

14

安全操作

7. 青贮饲料的质量评价

青贮饲料品质的优劣与青贮原料种类、刈割时期以及青贮过程等密切相关。通过品质鉴定，可以检查青贮技术是否正确，判断青贮饲料营养价值的高低。鉴定方法包括感官评定和化学分析鉴定。

（1）**感官评定** 开窖后，从青贮饲料的色泽、气味和质地等进行感官评定。制作优良的全株玉米青贮呈绿色或黄绿色，具有芳香酒酸味，茎叶明显，结构良好。

色泽评定

（2）**化学成分分析** 用化学分析测定包括 pH 值、氨态氮和有机酸（乙酸、丙酸、丁酸、乳酸的总量和组成比例）可以判断发酵情况。

pH（酸碱度）：pH 是衡量青贮饲料品质好坏的重要指标之一。实验室可用精密 pH 计测定，生产现场可用石蕊试纸测定。优良青贮饲料 pH 值在 4.2 以下，超过 4.2 说明青贮发酵过程中，腐败菌、酪酸菌等活动较为强烈。劣质青贮饲料 pH 值在 5.5~6.0，中等青贮饲料的 pH 值介于优良与劣等之间。

氨态氮：氨态氮与总氮的比值反映了青贮饲料中蛋白质及氨基酸分解的程度，比值越大，说明蛋白质分解越多，青贮质量不佳。

有机酸含量：有机酸总量及其构成可以反映青贮发酵过程的好坏，其中最重要的是乳酸、乙酸和丁酸，乳酸所占比例越大越好。优良的青贮饲料，含有较多的乳酸和少量的醋酸，而不含丁酸。品质差的青贮饲料，含丁酸多而乳酸少。

（3）消化率 根据体外 30h 或 48h 的消化率高低判断全株青贮玉米的消化率，从而判定青贮质量。

8. 青贮饲料的使用和饲喂

（1）取用方法 青贮过程进入稳定阶段，发酵成熟后即可开窖取用，或待冬春季节饲喂家畜。

开窖取用时，如发现表层呈黑褐色并有腐败臭味时，应把表层弃掉。应从一端开始分段取用，不可挖窝掏取，取后最好覆盖，以尽量减少与空气的接触面。最好以青贮取料机取料，保持取料面整齐、不松散。每次取多少用多少，不能一次取大量青贮料堆放在牛舍慢慢饲

表层霉变

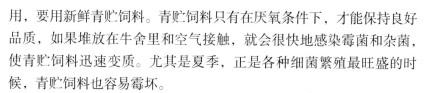

用，要用新鲜青贮饲料。青贮饲料只有在厌氧条件下，才能保持良好品质，如果堆放在牛舍里和空气接触，就会很快地感染霉菌和杂菌，使青贮饲料迅速变质。尤其是夏季，正是各种细菌繁殖最旺盛的时候，青贮饲料也容易霉坏。

（2）饲喂技术 青贮饲料可以作为草食家畜的主要粗饲料，一般占饲粮干物质的50%以下。与其他饲料原料按比例混合后直接饲喂。成年牛每100kg体重日喂青贮量为：泌乳牛5.0~7.0kg，肥育牛4.0~5.0kg，种公牛1.5~2.0kg。

【应用效果】提高全株玉米青贮制作工艺和质量水平，提高粗饲料利用率，降低饲养成本。

【注意事项】

（1）青贮原料应有适当的含糖量 乳酸菌要产生足够数量的乳酸，必须有足够数量的可溶性糖分。若原料中可溶性糖分很少，即使其他条件都具备，也不能够制成优质青贮料。

（2）青贮原料应有适宜的含水量 青贮原料中含有适宜的含水量是保证乳酸菌正常活动的重要条件。水分含量过高或过低，均会影响青贮发酵过程和青贮饲料的品质。如水分过低，青贮时难以压实，窖内留有较多空气，造成好氧性菌大量繁殖，使饲料发霉腐败。水分过多时易压实结块，利于丁酸菌的活动，同时植物细胞液汁被挤后流失，使养分损失。

（3）严格创造厌氧环境 为了给乳酸菌创造良好的厌氧生长繁殖环境，需做到原料切短，装紧压实，整个制作过程短，青贮窖密封良好。

二、苜蓿青贮制作、评价、饲喂关键技术

【适用范围】苜蓿青贮生产、质量评价及应用。

【解决问题】规范苜蓿青贮制作、质量评价和使用方法。

【技术要领】

1. 苜蓿青贮制作

（1）苜蓿青贮制作的主要模式

① 窖贮。就是把苜蓿这种青贮物料切碎成长 1cm 的小段，运输到青贮窖中进行密封发酵，一般在 45d 后发酵完毕即可使用。推荐使用地上式青贮窖，三面为水泥墙，一面开口。降水量大的地区可在青贮窖上方加盖雨棚遮挡降雨，防止雨雪进入青贮窖，缺点是增加成本。窖贮时可用推土机或装载机推送物料，用轮式拖拉机压实，不能用链轨式拖拉机压实，物料的高度应略高于青贮窖的高度。压实密度要求达到 $750kg/m^3$。密封时建议采用双层膜封窖的方法，下层为透明塑料膜，物料入窖前，透明塑料膜要覆盖三面水泥墙和窖底，并三面保留一定宽度的搭头，压窖完毕后搭头互相搭接叠压保证把全部物料封闭在透明塑料膜内。然后在透明塑料膜上层铺设青贮黑白膜密封，注意里面为黑膜，外面为白膜。黑白膜的边缘要覆盖三面墙的墙体，防止雨水雪水渗入青贮窖内。最后在青贮窖的顶层压轮胎，轮胎与轮胎之间用尼龙绳连接起来。

窖贮主要有割草机割草—田间萎蔫—机械搂草—机械捡拾切碎并喷洒青贮添加剂—装车—入窖—压窖—密封等环节。

② 裹包青贮。就是把苜蓿这种青贮物料切碎成长 1cm 的小段，再用圆草捆机制作成圆草捆，圆草捆表面裹着一层尼龙丝网，以保持圆柱体形状和物料密度。然后用裹包机在圆草捆表面缠绕 4~6 层拉伸膜，以造成密闭发酵状态。然后用夹包机把裹包青贮运输到贮藏地点进行贮藏发酵，一般在 45d 后发酵完毕即可使用。

裹包青贮主要有割草机割草—田间萎蔫—机械搂草—机械捡拾切碎并喷洒青贮添加剂—裹包—运输—贮藏等环节。

③ 袋贮。就是把苜蓿这种青贮物料切碎成长 1cm 的小段，用装料机装入一种特制的塑料长袋内密闭发酵，一般在 45d 后发酵完毕即可使用。

袋贮主要有割草机割草—田间萎蔫—机械搂草—机械捡拾切碎

并喷洒青贮添加剂—装袋—密封等环节。

生产中选用何种苜蓿青贮制作模式，一般首先考虑自用还是商品用。其次是看牛群规模大小，并根据牛群对苜蓿青贮的需要量核算制作成本，奶牛场建议选用成本较低的苜蓿青贮制作模式。

（2）苜蓿青贮特殊之处

苜蓿鲜草含水量高，水溶性碳水化合物（WSC）含量低，缓冲能高，不使用青贮添加剂的情况下制作高水分苜蓿青贮不易成功。因此苜蓿青贮不像玉米青贮那样有较高的水分含量（70%左右），而采用半干青贮（haylage）或称凋萎青贮、萎蔫青贮，含水量55%~60%。半干青贮的含水量介于高水分青贮（silage）与干草（hay）之间。制作苜蓿青贮建议使用有机酸类青贮添加剂。

2.苜蓿青贮品质评价

苜蓿青贮品质评价一般分为发酵品质和营养品质两部分。发酵品质不良的苜蓿青贮不能饲喂奶牛。发酵品质优良的基础上，苜蓿青贮品质评价应更多关注营养品质。

（1）发酵品质 主要考察发酵是否良好，从感官评定、pH值、乳酸含量、氨态氮（NH_3-N）占总氮的比例、干物质损失率等方面考察。苜蓿青贮的pH值一般在4.2以上，玉米青贮的pH值一般在4.2以下。生产中最重要的是感官评定，具体参考德国农业协会（DLG）标准（表2-2）。其他方面在生产中可以不考虑，原因是与奶牛日粮配方设计关系不大。

表2-2 德国农业协会青贮饲料感官评定标准

项目	评分标准	分数
气味	无丁酸味，有芳香果味或明显的面包香味	14
	微弱丁酸味，或较强酸味、芳香味弱	10
	丁酸味重，或有刺鼻的焦糊臭或霉味	4
	很强的丁酸或氨气味，或几乎无酸味	2
质地	茎叶结构保持良好	4
	茎叶结构保持较差	2

（续表）

项目	评分标准			分数
	茎叶结构保持极差或发现有轻度霉菌或轻度污染			1
	茎叶腐烂或污染严重			0
色泽	与原料相似			2
	略有变色，呈淡黄色或带褐色			1
	变色严重，墨绿色或呈黄色			0
总分	10~20	10~15	5~9	0~4
等级	1级，优良	2级，尚好	3级，中等	4级，腐败

感官评定为 1 级和 2 级的可用于泌乳奶牛和其他牛群。3 级可用于除泌乳牛以外的其他牛群。4 级不能饲喂。

（2）营养品质　营养品质主要指苜蓿青贮中含有的各种养分和能量。主要的有 CP、NDF、ADF、产奶净能等指标，要进行取样测定。用于销售的苜蓿青贮可以用 CP 和 RFV 来评价营养价值和定价。具有相同 CP、RFV 的苜蓿青贮与同等级的苜蓿干草应执行相同的价格（表 2-3）。自用的苜蓿青贮无须用 RFV 分级。要注意 RFV 不用于奶牛日粮配方设计，因此不管是牧场自己制作的还是买来的苜蓿青贮，日粮配方设计中应使用 CP、NDF、ADF、产奶净能等指标。

表 2-3　美国豆科、豆科与禾本科混合干草的质量标准

等级	CP （% DM）	ADF （% DM）	NDF （% DM）	DDM （%）	DMI （% BW）	RFV
特级	>19	<31	<40	>65	>3.0	>151
1	17~19	31~35	40~46	62~65	3.0~2.6	151~125
2	14~16	36~40	47~53	58~61	2.5~2.3	124~103
3	11~13	41~42	54~60	56~57	2.2~2.0	102~87
4	8~10	43~45	61~65	53~55	1.9~1.8	86~75
5	<8	>45	>65	<53	<1.8	<75

注：DDM（%）=88.9-0.779ADF（% DM）DMI（%BW）=120/NDF（% DM）RFV=DDM×DMI/1.29
CP：粗蛋白质；DM：干物质；NDF：中性洗涤纤维；ADF：酸性洗涤纤维；DDM：干物质消化率；DMI：干物质采食量；BW：体重；RFV：相对饲用价值

3. 苜蓿青贮饲喂

苜蓿青贮是奶牛尤其是泌乳奶牛优质廉价的粗蛋白质来源，也是优质的纤维来源。优质的苜蓿青贮通常在现蕾期收获，按干物质基础计算，粗蛋白质可达到22%~25%。1t优质苜蓿青贮（干物质基础）的生产成本为1500元或更低。一个百分点（相当于10kg）粗蛋白质的价格为60~70元，与豆粕的价格（一个百分点70~80元）相当或更低。另外，苜蓿青贮具有优质的纤维，而豆粕没有。所以用苜蓿青贮代替部分豆粕作为粗蛋白质来源是经济可行的。我国天津、河北、辽宁、安徽、黑龙江、内蒙古、宁夏等地规模奶牛场利用自有土地种植苜蓿，制作苜蓿青贮饲喂泌乳奶牛均取得良好效果。除代替豆粕外，在精料用量不变的情况下，用苜蓿青贮部分取代玉米青贮对试验前日产奶30kg泌乳中期奶牛的生产性能和经济效益也有良好的影响（表2-4）。建议日饲喂苜蓿青贮8kg以上。

表2-4 苜蓿青贮部分取代玉米青贮对泌乳中期
奶牛生产性能和经济效益的影响

项目	苜蓿青贮 0kg 组	苜蓿青贮 4kg 组	苜蓿青贮 8kg 组
日粮组成			
苜蓿青贮（% DM）	0	6.0	12.0
玉米青贮（% DM）	20.7	14.7	8.7
羊草（% DM）	18.0	18.0	18.0
精料（% DM）	57.7	57.7	57.7
啤酒糟（% DM）	3.6	3.6	3.6
日粮养分			
CP（% DM）	17.45	17.73	18.01
NDF（% DM）	40.27	39.56	38.86
ADF（% DM）	20.75	20.77	20.79
NE_L（MJ/kg DM）	7.33	7.23	7.13
生产性能与经济效益			
干物质采食量（kg DM）	20.62a	21.31ab	22.08b

（续表）

项目	苜蓿青贮 0kg组	苜蓿青贮 4kg组	苜蓿青贮 8kg组
试验期平均产奶量（kg）	26.73a	28.06b	28.84b
乳脂率（%）	4.14a	4.11a	4.09a
乳蛋白率（%）	3.12a	3.23b	3.27b
4%标准乳产量（kg）	27.29a	28.50b	29.20b
乳脂产量（g）	1107.45a	1151.89ab	1177.70b
乳蛋白产量（g）	833.66a	907.01b	943.52c
饲料转化效率 （4%标准乳产量/干物质 采食量）	1.33	1.34	1.32
日粮成本[元/（头·日）]	58.56	60.31	62.49
牛奶收入[元/（头·日）]	91.68	96.25	98.92
经济效益[元/（头·日）]	33.12	35.94	36.43
纯增效益[元/（头·日）]		2.82	3.31

数据来源：李长才，2015.

牛奶收入按2015年农业部定点监测10个主产省生鲜乳价格3.43元/kg计算，未按质论价

除泌乳奶牛外，苜蓿青贮（干物质含量40%~45%）还可以用于育成牛、青年牛，建议的用量如下：育成牛每日每头4~6kg，青年牛每日每头5~6kg。

需要注意的是，一般不建议在奶牛的干奶期使用苜蓿青贮，因为这个时期奶牛日粮不需要很高的粗蛋白质含量，可以改用粗蛋白质含量较低的燕麦干草或燕麦青贮。在围产前期（产犊前3周）同样不建议使用苜蓿青贮，因为苜蓿青贮的阴阳离子差［Cation Anion Difference，CAD，计算公式（%Na$^+$/0.0023+%K$^+$/0.0039）-（%Cl$^-$/0.00355+%S^{2-}/0.0016），单位毫摩尔数/kg DM］为正值，而奶牛需要阴离子日粮，应改用CAD数值低于苜蓿青贮的燕麦干草（表2-5）。

表2-5 苜蓿青贮、燕麦干草CAD比较

	Na⁺ （% DM）	K⁺ （% DM）	Cl⁻ （% DM）	S²⁻ （% DM）	CAD
苜蓿青贮[1]	0.03	3.03	0.55	0.30	447.53
燕麦干草[2] （乳熟期）	0.54	1.51	2.04	0.11	-15.61

① 数据来源：NRC 2001 奶牛营养需要；
② 数据来源：赵华杰，2016.

三、奶牛日粮优化技术［美国净碳水化合物和蛋白质体系（CNCPS）应用与评价技术］

【适用范围】成乳牛和育成牛。

【解决问题】了解 CNCPS 营养体系，了解 CNCPS 与 CPM-Dairy 关系，了解 CNCPS 应用效果，了解如何建立 CNCPS 饲料数据库，了解如何正确使用 CPM-Dairy 软件。

【技术要领】

1. CNCPS 体系的概念

CNCPS 体系是美国康奈尔大学众多科学家们提出的牛用动态能量、蛋白质及氨基酸体系。该体系能够真实反映奶牛采食碳水化合物和蛋白质在瘤胃内的降解率、消化率、外流数量以及能量、蛋白质的吸收效率情况等。其核心是以小肠中净吸收碳水化合物和净吸收蛋白质或净吸收氨基酸的水平来评价饲料的能量和蛋白质营养价值。CNCPS 更强调能氮的平衡和释放的同步性，在调控瘤胃发酵平衡和微生物蛋白质最大合成效率的同时，降低能氮损失，以提高饲料养分的利用率，减少氮污染。

2. CNCPS 对饲料碳水化合物和蛋白质组分的划分和计算方法

CNCPS 将饲料碳水化合物分为 4 部分：CA 为糖类，是快速降解部分；CB1 为淀粉，是中度降解部分；CB2 是可利用的细胞壁，为缓慢降解部分；CC 部分是不可利用的细胞壁。具体数值可通过饲料 SC、NSC 和不可消化纤维含量计算获得，碳水化合物的不可消化纤维 CC 为木质素 ×2.4。蛋白质可分为非蛋白氮（NPN）、真蛋白质和不可利用氮三个部分，可分别用 PA（NPN）、PB（真蛋白质）和 PC（结合蛋白质）来表示。在固有瘤胃降解率的基础上，真蛋白质又可细分为 PB1、PB2 和 PB3 三个亚单位。PA 与 PB1 可在缓冲液中降解，NPN 在瘤胃中快速转化为氨，PB1 在瘤胃中快速被降解，PC 蛋白质主要含有与木质素结合的蛋白质、丹宁蛋白质复合物和其他高度抵抗微生物和哺乳类酶类的成分，在酸性洗涤剂中不能被溶解。PC 蛋白质不能被瘤胃细菌所降解，也不提供后消化的氨基酸。PB3 不溶于中性洗涤剂而溶于酸性洗涤剂，PB3 由于与细胞壁结合在一起，因而在瘤胃中降解缓慢。缓冲液不溶蛋白质减去中性洗涤不溶蛋白质就是 PB2，PB2 在瘤胃内降解的多少主要依据饲料的相对消化率与流向后消化道的速率。各成分计算值根据 Sniffen 等的方法进行。

3. CNCPS 与 CPM–Dairy 关系

CPM–Dairy 软件是由美国康奈尔大学、宾夕法尼亚大学和米纳尔农业研究所的科学家们联合开发，目的是应用 CNCPS 体系对奶牛

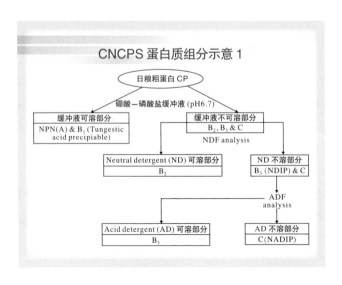

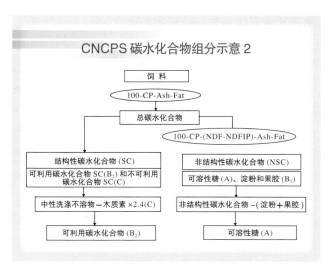

CNCPS 碳水化合物组分示意

日粮平衡进行评估和配制。目前使用的 CPM–Dairy 3 version 是建立在 CNCPS 体系第 5 版基础之上而开发的新版本，能够更精确诊断奶牛日粮的能氮水平，可对整个牛群的营养水平进行准确评价。如没有配套饲料营养成分的分析，仅利用 CPM 软件分析奶牛日粮是不会得到满意结果的。虽然 CPM 模型自身拥有完善的饲料数据库，但还是推荐 CPM 软件使用者对自己所处地区的饲料尤其是牧草等粗饲料按照 CNCPS 体系对营养成分的划分进行实地测试，从而构建本土化的 CPM 饲料数据库。

CPM–Dairy 软件

专著 CNCPS 营养体系研究进展及应用

4. CNCPS 营养体系饲料数据库的建立

按照饲料采样要求，采集奶牛饲料原料，风干，粉碎过 1mm 网筛，用于营养成分分析。测定指标为粗蛋白质（CP）、非蛋白氮（NPN）、可溶性蛋白质（SP）、酸性洗涤不溶蛋白质（ADIP）、中性洗涤不溶蛋白质（NDIP）及酸性洗涤纤维（ADF）、中性洗涤纤维（NDF）、木质素（ADL）和淀粉（Starch）等。通过 CNCPS 提出的计算方法计算饲料粗蛋白质中的非蛋白氮（PA）、快速降解蛋白质（PB1）、中度降解蛋白质（PB2）、慢速降解蛋白质（PB3）、结合蛋白质（PC）和碳水化合物中的不可利用纤维（CC）、可利用纤维（CB2）、淀粉、果胶（CB1）和糖类（CA），构建 CNCPS 体系营养数据库。

5. CPM 软件的应用

将以上所测得的数据作为 CNCPS 体系 CPM–Dairy 3 version 模型的饲料数据源，对规模化奶牛场成乳牛和育成牛日粮营养水平进行诊断，调控日粮能氮水平和饲料成本，测定调整后日粮对奶牛生产性能的影响，并结合 DHI 和奶牛生长发育数据，验证和评价 CPM 模型对奶牛日粮能氮水平的调控效果。

CPM 软件对奶牛配方评价实例

利用 CPM 模型对某奶牛场正在使用的日平均产奶量分别为 20kg（配方一）、25kg 奶牛（配方二）日粮配方进行评价（表 2–6）。

表 2–6　CPM 模型对日平均产奶量分别为 20kg、25kg
奶牛日粮原配方评价结果

项目	20kg 日粮原配方	25kg 日粮原配方
实际日产奶量（kg）	20.58	24.01
ME 平衡（Mcal/d）	8.5	4.9
MP 平衡（g/d）	94.9	49.9
瘤胃肽平衡（g/d）	33	55
瘤胃肽平衡（%rqd）	123	136
预测 DMI（kg/d）	18.1	18.2
实际 DMI（kg/d）	18.3	18.8

（续表）

项目	20kg 日粮原配方	25kg 日粮原配方
MP 允许奶量（kg/d）	23.1	25.4
ME 允许奶量（kg/d）	21.3	24.8
日粮 RUP（%/CP）	34.5	34.3
来自细菌的 MP（g/d）	1034	1109
来自 RUP 的 MP（g/d）	703	824
预测 MUN（mg/dL）	7	13
饲料成本（元 /d）	24.99	30.31

从上表可以看出，两种配方的 ME、MP 均大于平衡水平，尤其以 MP 过高，从瘤胃肽平衡的角度同样地反映出此类问题，配方一是瘤胃肽平衡需要量的 123%，配方二是瘤胃肽平衡需要量的 136%。对此，利用 CPM 对两种配方进行了调整，调整后日粮评价结果见表 2-7。

表 2-7　CPM 模型对调整后奶牛日粮配方评价结果

项目	20kg 日粮调整后配方	25kg 日粮调整后配方
实际日产奶量（kg）	21.75	25.16
ME 平衡（Mcal/d）	7.7	5.9
MP 平衡（g/d）	48.5	1.3
瘤胃肽平衡（g/d）	−1	7
瘤胃肽平衡（%rqd）	99	104
预测 DMI（kg/d）	18.1	18.6
实际 DMI（kg/d）	17.9	19.6
MP 允许奶量（kg/d）	22.6	25.7
ME 允许奶量（kg/d）	21.6	25.9
日粮 RUP（%/CP）	34.7	35
来自细菌的 MP（g/d）	1059	1188
来自 RUP 的 MP（g/d）	611	739
预测 MUN（mg/dL）	12	15
饲料成本（元 /d）	22. 56	28.19

与原配方相比，20kg产奶量配方的CP由原来的14.6%/DM下降至13%/DM，RUP却由原来的34.5%/CP上升至34.7%/CP，每天的饲料成本下降2.43元。25kg产奶量配方CP由原来的16.6%/DM下降至14.1%/DM，RUP由原来的34.3%/CP升至35%/CP，每天的饲料成本下降2.12元。

饲喂调整前后日粮对奶牛产奶量、乳成分、乳尿素氮和血尿素氮的影响见表2-8。

表2-8　对照和试验组奶牛产奶量、乳成分、MUN和BUN含量

项目	20kg 日粮配方		25kg 日粮配方	
	调整前	调整后	调整前	调整后
产奶量（kg）	20.58 ± 1.42	21.75 ± 2.01	24.01 ± 2.46	25.16 ± 1.78
乳脂（%）	3.2 ± 0.4	3.38 ± 0.72	3.67 ± 0.46	3.57 ± 0.69
标准乳	18.16 ± 2.12	19.77 ± 3.06	22.89 ± 3.17	23.56 ± 3.47
乳蛋白（%）	3.04 ± 0.12	3.04 ± 0.18	3.1 ± 0.24	3.03 ± 0.13
MUN（mg/dL）	9.15 ± 3.07	10.15 ± 1.84	13.71 ± 3.89	16.52 ± 2.54
BUN（mg/dL）B	11.44 ± 1.66	12.38 ± 3.13	14.97 ± 4.02	17.82 ± 2.11

从表2-8可以看出，饲喂调整后20kg配方日粮奶牛的产奶量、4%标准乳产量、乳脂率、乳蛋白率、MUN和BUN与饲喂调整前配方日粮奶牛相比均有升高的趋势（$P > 0.05$），饲喂调整后25kg配方日粮奶牛产奶量、4%标准乳产量、MUN和BUN亦略高于调整前组（$P > 0.05$），但乳脂率与乳蛋白却略低于调整前组（$P > 0.05$）。

CPM模型预测产奶量与试验牛实际产奶量的差异见表2-9，预测DMI与试验牛实际DMI的差异见表2-10。

表2-9　CPM模型预测奶量与试验牛实际产奶量

项目	20kg 日粮配方		25kg 日粮配方	
	调整前	调整后	调整前	调整后
实际产奶量（kg）	20.58 ± 1.41[b]	21.75 ± 2.01	24.01 ± 2.46	25.16 ± 1.78
ME 允许产奶量（kg）	21.3 ± 1.86[b]	21.6 ± 0.88	24.8 ± 2.84	25.7 ± 1.59

（续表）

项目	20kg 日粮配方		25kg 日粮配方	
	调整前	调整后	调整前	调整后
MP 允许产奶量（kg）	23.1 ± 1.31[a]	22.6 ± 1.37	25.4 ± 1.49	25.9 ± 0.52
ME/ 实际（%）	103	99	103	102
MP/ 实际（%）	112	104	106	103

注：同列肩注字母不同者差异显著（$P>0.05$）

表 2-10　CPM 模型预测 DMI 与试验牛实际 DMI

项目	20kg 日粮配方		25kg 日粮配方	
	调整前	调整后	调整前	调整后
实际 DMI（kg）	18.3 ± 1.37	17.9 ± 0.46	18.8 ± 0.84	19.6 ± 0.94
预测 DMI（kg）	18.1 ± 0.74	18.1 ± 0.24	18.2 ± 0.42	18.6 ± 0.32
实际 / 预测（%）	101	99	103	105

　　从表 2-9、表 2-10 可以看出，除了饲喂 20kg 日粮原配方 MP 允许产奶量显著高于实际产奶量外（$P<0.05$），其他处理组 CPM 预测的产奶量与实际产奶量和预测 DMI 与奶牛实际采食量差异均不显著（$P>0.05$）；同样除了饲喂 25kg 日粮原配方 MP 预测的产奶量与实际产奶量比值为 106% 之外，其他各处理组的预测值 / 实际值均在 5% 之内（表 2-11）。

　　【应用效果】试验证明，在国内奶牛场应用 CNCPS 体系 CPM-Dairy 3 version 模型可使饲料营养更精确地符合奶牛的营养需要，可科学地对奶牛日粮进行营养诊断，调整能氮平衡，减少氮的排泄，节约饲料成本，并可较准确地预测奶牛的产奶量。

　　【注意事项】

　　（1）数据库建立　饲料原料样品采集方法要科学，饲料原料营养成分测定要准确。

　　（2）参数设定　如泌乳天数、怀孕天数、体重等，特别季节的变化（温湿度变化、季节性极端气候等），一定要准确。

（3）**优化注意**　如利用该软件进行日粮的优化，需确定好日粮的限制因素，同时一定要注意各营养参数的区间值。

表 2-11　CPM 模型预测 DMI 与试验牛实际 DMI

日粮指导原则									
		围产前期			新产牛			产奶高峰		
参数	单位	目标	下限	上限	目标	下限	上限	目标	下限	上限
干物质采食量	% 预测值	100	95	105	100	95	105	100	95	105
蛋白质平衡	% 需要量	100	95	110	100	95	110	100	95	110
净蛋白 / 代谢蛋白		65	60	70	65	60	70	65	60	70
代谢能平衡	Mcal/d	1	0	4	0	−6	2	1	−1	3
体重变化	磅 /d	0.25	0	1	0	−1.5	0.2	0	−0.5	1
碳水化合物										
非纤维碳水化合物	% 干物质	33	30	36	38	35	39	40	35	41
糖	% 干物质	4	3	6	6	5	9	6	5	9
淀粉	% 干物质	23	20	25	24	21	27	25	21	27
溶解纤维	% 干物质	7	5	11	7	5	11	7	5	11
中性洗涤纤维	% 干物质	33	30	45	30	28	35	30	28	35
有效中性洗涤纤维	% 干物质	25	23	35	23	21	28	23	21	26
发酵①										
干物质	% 干物质	43	41	44	43	41	44	43	41	44
糖	% 干物质	5	4	8	5	4	8	5	4	8
淀粉	% 干物质	21	20	22	21	20	22	21	20	22
溶解纤维	% 干物质	6	4	9	6	4	9	6	4	9
中性洗涤纤维	% 干物质	10	9	12	10	9	12	10	9	12
中性洗涤纤维	%NDF	>32	30	40	>32	30	40	>32	30	40
脂肪										
乙醚提取物 1	% 干物质		0	3		0	3		0	3
乙醚提取物 2	% 干物质		0	3		0	3		0	3
乙醚提取物 1 和 2	% 干物质		0	5		0	5		0	5
乙醚提取物 3	% 干物质		0	1		0	4		0	4
总的乙醚提取物	% 干物质		0	4.5		0	6		0	7
长链脂肪酸	% 干物质		1	3.5	3	2	5	3	2	6

（续表）

日粮指导原则									
		围产前期			新产牛			产奶高峰		
参数	单位	目标	下限	上限	目标	下限	上限	目标	下限	上限
C18:1 反式	g/d				<80		100	<100		120
瘤胃氮平衡										
氨	% 需要量	110	105	150	110	105	150	110	105	150
肽	% 需要量	110	105	150	110	105	150	110	105	150
溶解蛋白质	% 粗蛋白质	31	30	40	31	30	35	31	30	35
降解蛋白质	% 干物质	11.5	11	13	11.5	11	12	11.5	11	12
Rulquin 氨基酸平衡										
蛋氨酸	% 代谢蛋白				2.12	2.10	2.50	2.12	2.10	2.50
赖氨酸	% 代谢蛋白				6.57	6.50	7.30	6.57	6.50	7.30
赖氨酸：蛋氨酸					3.1:1	3.0:1	3.3:1	3.1:1	3.0:1	3.3:1

①发酵指导原则是针对 54 磅（24.5kg）干物质采食量的。干物质采食量影响发酵情况；当干物质采食量上升时下降；当干物质采食量下降时上升。为了使用发酵指导原则，使用 CNCPS 屏幕上的定标器把干物质采食量调整到 24.5kg。在评估发酵后，不要忘记重置干物质采食量

四、奶牛全混合日粮（TMR）应用与评价技术

【适用范围】哺乳期犊牛除外。

【解决问题】拟解决 TMR 应用中存在的如 TMR 配制不规范，质量评价不科学、饲喂不规范等问题，以提高 TMR 使用、配制、评价、饲喂等效果或效率，避免浪费、节省成本。

【技术要领】

1. TMR 搅拌车选择

根据奶牛场实际情况，选择 TMR 搅拌车类型和容积。① 根据 TMR 搅拌车中搅龙的类型分为立式搅拌车和卧式搅拌车。立式搅拌车宜用于切割大型草捆、小型草捆以及含水量较高的饲料；卧式搅拌车适用于切割松散饲料、小型草捆以及含水量较低的饲料。② TMR 搅拌车的容积应根据牛群的规模、搅拌车有效装填量、奶牛 DMI、饲喂次数、原料的装填速度以及搅拌速度等具体情况确定。泌乳奶牛 DMI 按

卧式 TMR 搅拌车 　　　　　　　立式 TMR 搅拌车

照 NY/T 34 奶牛饲养标准计算；非泌乳奶牛 DMI 按体重 2.5% 计算。

2. 饲料原料选择

饲料原料选择应符合《饲料原料目录》和 GB 13078 饲料卫生标准的要求。目前，我国在反刍动物饲料不允许使用除乳制品外的动物源性饲料。每批饲料原料要有明确的营养成分含量（要配套营养成分检测值）。每 3d 测定高水分饲料原料（例如玉米青贮）的含水量，且变异在 ±5% 以内，以保证 TMR 的干物质含量。

3. TMR 配制

（1）**TMR 配方**　按 NY/T 34 的规定制作奶牛 TMR 配方。

（2）**饲料原料的准备**　应按照配方中饲料原料的种类和数量准备；清除原料中的塑料袋、金属以及草绳等杂物；不得使用变质、霉变等饲料原料。

（3）**饲料原料添加顺序**　卧式 TMR 搅拌车添加顺序宜为精饲料、干草、青贮饲料、糟渣类和液体饲料；立式 TMR 搅拌车添加顺序宜为干草、精饲料、青贮饲料、糟渣类和液体饲料。

（4）**搅拌时间**　边加料边搅拌，添加完所有饲料原料后，继续搅拌 3~8 min，防止过度搅拌混合。

（5）**配制次数**　TMR 每日配制次数为 1~3 次。在炎热的夏季，温度较高、含易霉变饲料原料时，宜适当增加配制次数。

4. TMR 的质量控制

（1）**感官评价**　TMR 具有均一性，精饲料和粗饲料混合均匀，精饲料附着在粗饲料上，松散不分离，新鲜不发热，无异味，不结块。

（2）**干物质含量** TMR 干物质含量以 45%~60% 为宜，水分含量测定方法按 GB/T 6435 饲料中水分和其他挥发性物质含量测定的规定执行。简单取样、称重、烘干（烘箱、微波炉）、称重、计算。

（3）**颗粒度分析** 宜用 TMR 分级筛（滨州筛）进行颗粒度评价，TMR 分级筛由四层构成，上面三层分级筛筛孔直径从上到下分别为 19mm、8mm、1.18mm，最下层为平板。将 TMR 分级筛叠放在一起，放置在平整的地面上。取固定量（1.4±0.5）kg TMR 于分级筛顶层，水平往复摇晃分级筛，分级筛每个方向往复摇晃 5 次，再重复此过程 7 次，每次摇晃分级筛距离为 17~26cm，摇晃频率至少 1.1 秒。称量每层分级筛中 TMR 的重量，计算每层所占比例（表 2-12）。

表 2-12 不同牛群 TMR 颗粒度评价标准

项目	筛孔直径（mm）	玉米青贮（%）	半干青贮（%）	泌乳牛（%）	干奶牛（%）	后备牛（%）
上层	>19	3~8	10~20	10~20	45~55	40~50
中层	8.0	45~65	45~75	30~40	15~20	15~20
下层	1.18	30~40	20~30	30~40	20~25	20~25
底层	<1.18	<5	<5	15~20	5~10	5~10

注：表中数据来源于运用 TMR 分级筛评价奶牛场 TMR 颗粒度结果

粗饲料长度测定方法和操作如上，TMR 分级筛上层 20% 粗饲料长度保持在 3~5cm，平均长度以 3.5cm 为宜。

（4）**化学成分评价** 定期检测 TMR 的化学成分，每月抽检一次以上为宜，规范采样，测定指标包括水分、粗蛋白质、粗脂肪、淀粉、中性洗涤纤维、酸性洗涤纤维、钙、总磷以及粗灰分的含量。将测

TMR 分级筛

定值与配方理论计算值进行比较，两者差异宜在 ±5% 以内。

5. TMR 饲喂管理

TMR 适用于奶牛分群饲养，根据泌乳阶段、生产性能、体况以及营养需要进行分群，经产牛与头胎牛分开饲养。宜固定饲喂顺序（例如按高产—中产—低产次序投料）。奶牛宜采食新鲜的 TMR，不应将发热、霉变的 TMR 再饲喂奶牛。奶牛每天 20~24 h 随时可以采食到 TMR 为宜。TMR 应投料均匀。观察牛只挑食情况。TMR 投喂后，为保证奶牛随时能够采食到日粮，要勤推料，每日推料 6 次以上为宜。注意料槽卫生，应定期清扫料槽。

6. 饲喂效果评价

（1）奶牛泌乳性能 比较奶牛的实际产奶量和预计产奶量，变异在 ±5% 以内为宜。

（2）奶牛采食量评价 连续 3d 测定奶牛采食量的变化，剩料量 3%~5% 为宜，以及奶牛每日采食 TMR 干物质含量变异在 ±5% 以内为宜。

（3）奶牛采食和反刍行为评价 自由采食条件下，奶牛每日采食 TMR 时间约为 5 h，每日采食 9~13 次，每次平均约 29 min，每日反刍 6~8 次，每次持续 40~50 min。奶牛休息时，至少有 60% 奶牛在进行反刍。

（4）奶牛粪便评价 奶牛粪便评分采用 5 分制评分系统，具体评分标准和不同生理阶段粪便评分的推荐值见表 2-13、表 2-14。

表 2-13　奶牛粪便评分标准

分值	外观形态
1	稀粥状，水样，弧形落下，有黏膜，恶臭
2	松散，不成形，厚度小于 2.5 cm，有气泡
3	堆起厚度 2.5~4 cm，中间凹陷 2~4 个同心圆
4	堆起厚度 5~8 cm，中间无凹陷，有饲料颗粒
5	堆起厚度超过 8 cm，坚硬的粪球状，颜色深，无臭

注：本标准为 5 分制粪便评分法，评分过程要综合考虑牛群的生产性能、体况以及健康状况

表2-14 奶牛不同生理阶段粪便评分的推荐值

生理阶段	干奶期	围产前期	围产后期	泌乳前期	泌乳后期
分值	3.5	3.0	2.5	3.0	3.5

① 本表粪便评分的推荐值适用于表 D.1 中 5 分制粪便评分标准。
② 围产前期指产前 21 d 至分娩产犊，围产后期指分娩产犊至产后 21 d

（5）体况评分 奶牛体况评分采用 5 分制评分系统，具体评分标准和不同生理阶段体况评分的推荐值见表 2-15、表 2-16。

粪便分析筛

表2-15 奶牛体况评分标准

分值	脊椎部	肋骨	臀部两侧	尾根两侧	髋骨、坐骨结节
1	非常突出	根根可见	严重下陷	陷窝很深	非常突出
2	明显突出	多数可见	明显下陷	陷窝明显	明显突出
3	稍显突出	少数可见	稍显下陷	陷窝稍显	稍显突出
4	平直	完全不见	平直	陷窝不显	不显突出
5	丰满	丰满	丰满	丰满	丰满

注：本标准为 5 分制体况评分法，评分过程要综合考虑 5 个评价指标的情况

表2-16 奶牛不同生理阶段体况评分的推荐值

生理阶段	干奶期	泌乳前期	泌乳中期	泌乳后期
理想评分	3.0~3.5	2.5~3.0	2.5~3.5	3.0~3.5

注 1. 本表体况评分的推荐值适用于表 C.1 中 5 分制评分标准。

2. 干奶期一般指产前 60 d，泌乳前期指产后 21~100 d，泌乳中期指 101~200 d，泌乳后期指泌乳 201 d 之后

（6）后备牛生长发育评价 用体重和体尺评价后备牛饲喂 TMR 效果，其体重、体高、体斜长和胸围要符合相应阶段的要求。

【应用效果】提高 TMR 制作工艺和质量水平，提高饲料转化率，降低饲养成本，降低奶牛瘤胃酸中毒等代谢疾病发生率。

【注意事项】

① 奶牛应分群饲养。

② 每月应监测 TMR 颗粒度、奶牛粪便。

③ 根据 TMR 质量和饲喂效果，及时调整 TMR 配方、制作工艺。

第二节 繁殖育种

一、奶牛同期排卵－定时输精技术

【适用范围】规模奶牛场。

【解决问题】

人工授精技术（Artificial Insemination，AI）在奶牛养殖中的广泛应用，对优秀种公牛遗传物质在全世界范围快速扩散起到了重要的促进作用。及时、准确地发情鉴定是奶牛人工授精的基础，然而，实际生产中奶牛产后不发情或发情症状不明显、发情鉴定工作重视程度不够或发情鉴定方法不科学等都可造成母牛发情检出率降低，影响产后母牛参配率，从而影响奶牛繁殖力。同期排卵－定时输精技术（Timed Artificial Insemination，TAI）应用外源激素处理母牛后直接人工授精而不用发情鉴定，从而提高了母牛参配率，对提高奶牛繁殖力具有重要意义。

【技术要领】

1. 选择合适的母牛

同期排卵－定时输精应选择产后45d后（自愿等待期后）生殖道健康的母牛，而青年母牛一般建议采用自然发情人工授精的方法。为了提高牛场繁殖工作效率，可集中处理一批母牛，具体数量取决于参配母牛数量和人工授精技术人员的劳动负荷。

2. 选择合适的同期排卵－定时输精处理程序

自从建立同期排卵－定时输精方法以来，相继建立了许多不同的处理程序。对于一般奶牛场来说，建议可采用以下两种处理程序。

（1）GPG 处理程序　产后具有正常发情周期的母牛，可采用

GnRH+PGF$_{2\alpha}$+GnRH 激素处理程序，即产后母牛 45d 后任意一天（0d）肌内注射促性腺激素释放激素（GnRH）后，第 7 天（7d）肌内注射前列腺素（PGF$_{2a}$），第 9 天（9d）第二次肌内注射 GnRH，注射 GnRH 后 16~18h，所有处理母牛人工授精配种，配种后第 32~60 天妊娠检查。具体处理方法和时间见下图。

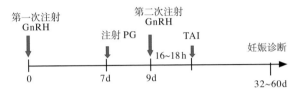

GnRH+PGF$_{2\alpha}$+GnRH 处理方法和时间示意图

（2）CIDR+PGF$_{2\alpha}$+GnRH 处理程序　产后未见发情周期的母牛，可采用 CIDR+PGF$_{2\alpha}$+GnRH 激素处理程序，即第 0 天阴道埋植孕激素释放装置，如阴道栓（Controlled Internal Drug Release，CIDR），并肌内注射 GnRH，第 7 天撤除 CIDR 并肌内注射 PGF$_{2\alpha}$，第 9 天第二次注射 GnRH，注射 GnRH 后 16~18h，所有处理母牛人工授精配种，配种后第 32~60 天妊娠检查。具体处理方法和时间见下图。

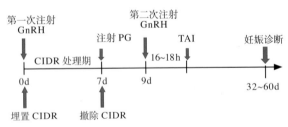

CIDR+PGF$_{2\alpha}$+GnRH 处理方法和时间示意图

埋植 CIDR 的具体过程见下图。

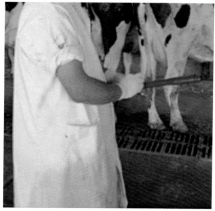

（A）消毒埋植枪（新洁尔灭和酒精）

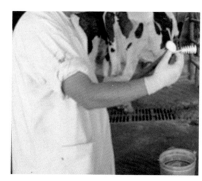
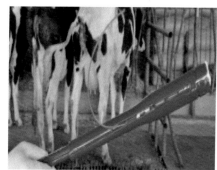

（B）将CIDR装入埋植枪

（C）清理母牛外阴

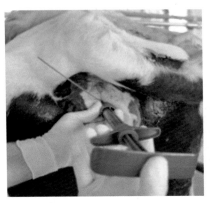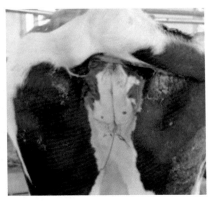

（D）埋植 CIDR 过程

埋植 CIDR 的具体过程

3. 观察发情

理论上，按照同期排卵－定时输精程序处理后，无论母牛是否发情都可人工授精配种，但是研究表明，同期排卵－定时输精处理后具有明显发情表现的母牛，人工授精的妊娠率显著高于没有发情表现的母牛。因此，按照一定的同期排卵－定时输精程序处理后，应及时观察处理母牛的发情情况。如果在第二次注射 GnRH 前母牛具有明显的发情行为，则可按照正常人工授精程序配种，而无须再第二

（A）发情母牛接受爬跨

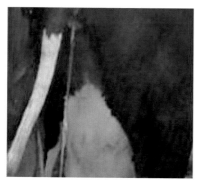 

（B）发情母牛流出清亮的黏液

母牛发情行为

次注射 GnRH，从而节省用药成本、减少工作量和缩短配种时间。

【应用效果】

1.减少母牛发情鉴定工作

及时、准确的发情鉴定是奶牛人工授精的基础，然而目前实际生产中，人工观察发情的发情检出率只有 50%~70%，而电子计步器辅助观察发情，或者其他辅助观察发情方法（如标记笔尾根涂抹法和发情探测器法等）的发情检出率也只有 80%~95%，有一部分发情母牛并没有被检测出来。同期排卵 – 定时输精技术按照一定的程序处理母牛后，无论其是否发情，在处理后的一定时间内可全部人工授精配种而无须观察发情，因而可以减少奶牛繁重的发情观察工作。

2.提高参配率，减少未配种母牛比例

影响奶牛繁殖效率的重要因素是母牛特别是产后母牛的参配率和情期受胎率。同期排卵 – 定时输精技术可在一定时间内大批处理一群母牛并人工授精配种，提高母牛参配率，与传统的自然发情人工授精相比，在较短的时间内减少未配种母牛的比例。同时，由于各种原因，自愿等待期后没有发情表现的产后母牛，同期排卵 – 定时输精技术处理后也能参加配种，从而大大提高了母牛参配率。

3.提高妊娠率，减少未妊娠母牛比例

虽然同期排卵 – 定时输精处理的母牛配种妊娠率（情期受胎率）

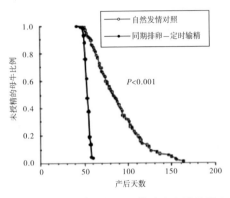

同期排卵－定时输精技术可显著减少未配种母牛比例

可能低于自然发情母牛的人工授精的妊娠率，但是由于在一定时间内母牛参配率显著增加，因而妊娠母牛的比例较高，而未妊娠母牛的比例显著低于自然发情人工授精。

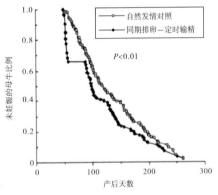

同期排卵－定时输精技术可显著减少未妊娠母牛比例

4.便于奶牛场母牛的繁殖管理

由于同期排卵－定时输精技术可在一定的时间内处理一群母牛并人工授精，因而给大规模奶牛场繁殖管理带来了明显的便利。例如规模牛场不仅可以利用同期排卵－定时输精技术调整牛群的具体配种时间，而且可以利用此技术使得规模牛场繁殖管理程序化。

5. 治疗母牛卵巢疾患

由于同期排卵–定时输精技术利用外源激素处理母牛，因而可辅助治疗某些奶牛的卵巢疾患，如卵泡囊肿、持久黄体和排卵延迟等。

【注意事项】

① 选择产后生殖道恢复正常的母牛；如果使用分离性控精液人工授精，则应选择青年母牛。

② 选择合适的激素产品和注射剂量。

③ 激素处理过程中应注意防止生殖道感染。

④ 配种后及时妊娠检查。

二、奶牛性控精液人工授精技术

【适用范围】规模奶牛场。

【解决问题】

奶牛养殖生产中，奶牛繁殖的后代只有母犊牛才能作为后备牛培养，而常规精液人工授精配种时，获得后代犊牛的母犊率为48%左右。随着细胞分离技术的发展，目前可以利用流式细胞分离仪将公牛精液中的 X 和 Y 精子分离，用富含 X 精子的精液人工授精配种繁殖后代的母犊率可到90%以上，从而有效地提高奶牛繁殖母犊的比例。因此，应用优秀验证公牛分离的性控精液人工授精是目前快速增加我国奶牛母牛头数的重要方法。由于分离性控精液的精子受到一定程度的损伤和每剂冻精的有效精子数量较少，分离性控精液人工授精的情期受胎率远低于常规精液。因此，在生产实际中，奶牛分离性控精液人工授精技术应通过对授精技术的优化，进而提高奶牛分离性控精液的胚胎妊娠率。

【技术要领】

1. 选择合适的分离性控精液

由于利用精液分离仪（流式细胞仪）分离奶牛精液时需要对原精液进行染色和激光束照射等一系列处理，而且精液在体外停留的时间较长，容易被细菌污染，因此有些精子不可避免地受到损伤，甚至丧失受精能力或死亡。分离性控精液生产对技术操作过程和种公牛都具有很高的要求，不同种公牛站生产的分离性控精液质量可能存在一定的质量差异，所以，生产中选择分离性控精液时，应特别注意：① 精子活率大于 0.5；② 有效精子数大于 200 万个 / 剂；③ 受胎率高。

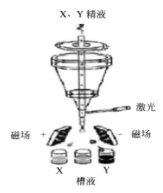

X、Y 精液

激光

磁场　＋　　　－　磁场

X　　Y

槽液

（A）分离精子仪器实图　　　　　（B）分离精子原理示意图

精子分离仪分离精液示意图

2. 选择合适的配种母牛

奶牛人工授精实践证明，泌乳母牛使用分离性控精液人工授精配种的妊娠率较低，因此，生产中分离性控精液人工授精应选择青年母牛。

3. 选择合适的输精时间

生产中，适宜的输精时间是保证奶牛人工授精受胎率的关键。适宜的输精时间取决于以下几个主要因素：①发情母牛排卵时间及卵子到达输卵管受精部位（壶腹部）的时间；②精子到壶腹部的时间；③精子和排出的卵母细胞在母牛生殖道内保持受精能力的时限。实际生产中，分离性控精液人工输精的时间可比常规精液晚 2~4h。表 2-17 结果表明，青年母牛发情后 12~14h 输精的受胎率较高。

表 2-17 发情后不同输精时间对青年母牛分离性控精液配种受胎率的影响

输精时间（h）	配种母牛数（头）	妊娠母牛数（头）	情期受胎率（%）
<12	25	10	41.40 ± 1.11
12~14	33	20	60.78 ± 1.45
14~18	30	12	39.65 ± 0.88
>18	25	9	36.77 ± 1.22

4. 选择合适的输精部位

相对于常规精液来讲，分离性控精液人工输精时可采用子宫角深部输精法，即将精液输到发情母牛卵巢上有卵泡发育侧的子宫角内，使所有精液全部在一个子宫角内，可提高分离性控精液人工授精的受胎率（表 2-18）。但是，采用子宫角深部输精时，应特别注意：①必须保证精液输到卵巢上卵泡发育一侧的子宫角内；②必须保证不能损伤母牛子宫角。人工授精过程见下图。

表 2-18 不同输精部位对青年奶牛性控精液人工授精受胎率的影响

输精部位	配种母牛（头）	妊娠母牛（头）	情期受胎率（%）
子宫体	30	11	36.67 ± 1.55
子宫角基部	31	21	67.77 ± 0.99
子宫角深部	28	19	67.86 ± 0.78

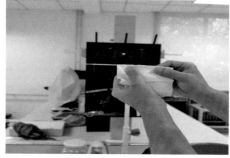

（A）解冻精液

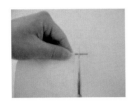

（B）精液细管装入输精枪和输精外套管内

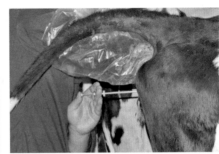

（C）输精过程

人工授精过程示例

【应用效果】

性控精液人工授精后代母犊比例可达90%以上，比常规精液人工授精高40%以上，因此，性控精液人工授精能显著增加优秀母牛繁殖母犊牛的速度，经济效益和社会效益显著。

【注意事项】

① 分离性控精液人工授精应掌握"准确的发情时间""准确的排卵时间"和"准确的卵泡发育和排卵卵巢"。

② 第一次分离性控精液人工授精配种后，如果母牛返情或妊检未妊，则再次人工授精配种时建议应用常规精液。

③ 如果泌乳母牛使用分离性控精液人工授精，则应选择生殖道健康、生殖机能旺盛的泌乳母牛。

三、奶牛生产性能测定（DHI）技术

【适用范围】参加测试牛场应按照中国奶业协会关于奶牛编号的统一规定对牛只进行标记，有耳号、系谱记录和繁殖情况记录完整。测试奶牛为产后 6d 至干奶前 6d 的泌乳牛，对每头泌乳牛一年测定 10 次。

【解决问题】DHI——奶牛生产性能测定，是奶牛场管理和育种工作的基础。DHI 报告能准确地反映牛群的实际情况。通过 DHI 生产性能测定给奶牛场提供有用信息，这其中包括牛群的配种、牛群的结构、牛群健康状况、体细胞数、乳脂率、乳蛋白等，根据 DHI 报告分析奶牛场存在的问题，指导生产。DHI 是通过测定奶的信息，诊断饲养管理问题，提出改进建议，采取整改措施，达到提高目的。牛场管理者通过解读 DHI 报告可以轻松掌握全群牛和个体牛的详细情况。真正实现透过数据发现问题、解决问题。

【技术要领】

1. 测试间隔

时间为 26~33d，平均 30d 测定一次。

2. 奶样要求

每日 3 次挤奶（早、中、晚）比例为 4：3：3；每日 2 次挤奶比例为（早、晚）6：4；每个奶样要求 40~50mL。

3. 样品保存

为防止奶样腐败变质，在每份样品中需要添加防腐剂，含防腐剂的奶样在 2~7℃冷藏条件下存放 7d；在室温 15℃左右可存放 4d。

4. 样品测定

生产性能测定实验室应配备乳成分测定仪、体细胞计数仪、恒温水浴箱、保鲜柜、流量计、采样瓶、样品架及奶样运输车等仪器设备。实验室在接受样品时，应检查采样记录表和各类资料表格（头胎牛、经产牛、移动牛、干奶牛和淘汰牛资料及奶账单、序号表）是否齐全、样品有无损坏、采样记录表编号与样品箱（筐）是否一致。如果有关资料不全、样品腐败、打翻现象超过 10% 的，生产性能测定实验师应通知牛场重新采样。

5. 测试内容

为日产奶量、乳脂率、乳蛋白率、乳糖、总固体率、体细胞数、尿素氮等。

6. 生产性能测定提供的内容

（1）DHI 报告分析流程

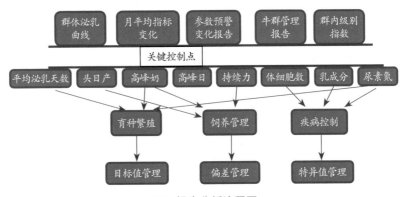

DHI 报告分析流程图

（2）平均泌乳天数 指测定日距离产犊日的天数，全年均衡产犊应处于 150~170d，这一指标可显示牛群繁殖性能及产犊间隔，高于 170d，表明繁殖存在问题。

（3）头日产奶量 以 kg 为单位的牛只测定日产奶量，反映牛只、牛群当前真实的产奶水平。

（4）高峰日 一般产后 40~60d 达到产奶高峰，如每月测定一次，峰值日应出现在第二个测定日，即应低于平均值 70d。若大于 70d，表明有潜在的奶损失，要检查下列情况：产犊时膘情、干奶牛日粮、围产期管理、干奶日粮向产奶日粮过渡过程、泌乳早期日粮是否合理等。

（5）高峰奶量 峰值奶量每提升 1kg，相当于胎次产量：一胎牛提高 400kg、二胎牛提高 270kg、三胎以上提高 256kg。

（6）**泌乳持续力** 持续力是反映泌乳持续性的一个指标。群体持续力平均正常范围应该在 95%~106%，高峰过后持续力理想值应该为头胎牛 92%~96%，经产牛 86%~92%（表 2-19）。影响泌乳持续力主要有两个因素：遗传和营养，但是受营养的影响最大。

表 2-19 泌乳持续力

持续力 \ 泌乳天数（d）	6~65	65~200	200 以上
头胎	106%	96%	92%
经产	106%	92%	86%

高峰过后，持续力高说明奶牛产犊时体况过肥或过瘦、泌乳早期日粮不平衡、干物质采食量不足、早期乳房炎或代谢病。

高峰过后持续力偏低，说明日粮不平衡，日粮能量不足热应激、打疫苗等及泌乳早期营养供应不足，能量负平衡牛只严重失重。

群体平均持续力剧烈波动表明牛群管理及营养不稳定或牛群应激严重。

（7）**乳成分** 脂蛋比：荷斯坦牛的正常比例在 1.12~1.30，用于及时监控牛群是否存在瘤胃酸中毒及新产牛能量负平衡状况。脂蛋比小于 1 即为典型的瘤胃酸中毒，若这种牛占全群的 8%~10%，应检查精粗料比例，一来说精料不能超过 70%。产后 60d 内，如果脂蛋比 >1.4，或乳脂率 >4.5%，说明奶牛能量负平衡严重，体况差，易出现酮病、繁殖问题。产后 60d 以上，如果脂蛋比 <1.05。表明奶牛粗料摄入过少，易出现瘤胃酸中毒、蹄叶炎问题。高产奶牛比值偏小，特别处于 30~120d。

脂蛋白差：奶牛泌乳早期的乳脂率如果特别高，就意味着奶牛在快速利用体脂，应检查奶牛是否发生酮病。如果是泌乳中后期，大部分的牛只乳脂率与乳蛋白率之差小于 0.4%，则可能发生了慢性瘤胃酸中毒。

（8）**体细胞数** 牛奶体细胞数（SCC），是指每毫升牛奶中的体细胞总数，其中大多数是白细胞（即巨噬细胞、嗜中性白细胞和淋巴细胞），占奶牛体细胞数的98%~99%，其他1%~2%的体细胞是乳腺组织脱落的上皮细胞。

如果两次检测体细胞数持续很高，说明奶牛可能感染隐性乳房炎，如金黄色葡萄球菌或链球菌等，治愈时间一般较长，所损失的奶量将会达到20%~70%，有个别牛甚至没有奶。

如果体细胞忽高忽低，一般多为环境性乳房炎，与牛舍、牛身、挤奶员卫生及奶牛乳头药浴效果不好有关，该情况奶牛治愈时间较短，易于治愈。

影响体细胞数变化的主要因素有病原微生物对乳腺组织感染、应激、环境、气候、泌乳天数、遗传、胎次等，其中致病菌影响最大。应关注体细胞数大于50万的牛只个体。奶牛理想体细胞数：第一胎≤ 150 000万个/mL，第二胎≤ 250 000万个/mL，第三胎≤ 300 000万个/mL。

（9）**牛奶尿素氮（MUN）** 瘤胃中过量的降解蛋白将产生过多的NH_3，而大多氨不能全部被瘤胃壁吸收以合成微生物蛋白，因此多余的氨就通过瘤胃壁而进入血液，随着血液循环到达肝脏，通过肝脏的解毒作用转变成尿素，进而进入牛奶中。牛奶尿素氮用于评估奶牛蛋白饲料利用程度，数值过高直接反映出饲料中能氮不平衡，造成蛋白没有有效利用，引发奶牛的繁殖、饲料成本、有效生产性能的发挥和环境等方面的一系列问题。牛奶尿素氮的理想范围为10~18mg/dL（表2-20）。

尿素氮水平与繁殖力呈负相关。尿素氮水平高，组胺含量上升，降低免疫系统免疫能力，不利于子宫污染物的清除，恶化子宫内环境，不利于胚胎着床，同时能蛋供求失衡影响代谢效率，降低孕酮浓度。

表2-20　日粮中能量和蛋白质的水平与乳蛋白率和尿素氮参数的关系

乳蛋白率（%）	低尿素氮（<11mg/dL）	适中尿素氮（11~17mg/dL）	高尿素氮（>17mg/dL）
<3.0	能量、蛋白均缺乏	蛋白均衡、能量缺乏	蛋白过剩、能量缺乏
≥3.0	蛋白缺乏、能量平衡或稍过剩	能量/蛋白平衡	蛋白过剩、能量平衡或稍缺乏

产后50~100d尿素氮水平高主要影响其受胎率，产后101~200d尿素氮水平主要影响其产奶量，产后200d以上尿素氮水平高则应注意日粮蛋白质是否造成浪费。

7. 信息反馈

（1）DHI　试验室向牧场发送奶牛生产性能测定报告，根据报告量化的各种信息，牛场管理者能够对牛群的实际情况做出客观、准确、科学的判断，发现问题，及时改进，提高效益。

（2）问题诊断　问题诊断是以文字形式反馈给牛场，管理者依据报告，不仅能以数字的形式直观地了解牛场的现状，还可以结合问题诊断剔除解决实际问题的建议。

（3）技术指导　根据具体情况，牧场与测定中心达成协议，测定中心委派相关专家或专业技术人员，到牛场做技术指导。通过与管理人员交流，结合实地考察情况及分析报告，给牛场提出切合实际的指导性建议。

【应用效果】

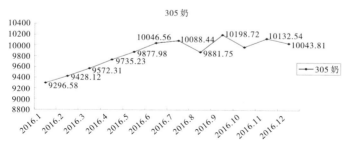

2016年黑龙江省九三农垦鑫海奶牛养殖场月份305奶量图

305d 平均产奶量由 2016 年 1 月的 9 296.58kg 提高到 2016 年 12 月的 10 043.81kg。

2016 年黑龙江省九三农垦鑫海奶牛养殖场月份体细胞图

年体细胞数平均为 24.3。

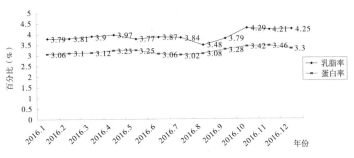

2016 年黑龙江省九三农垦鑫海奶牛养殖场月份乳脂率和乳蛋白率

年平均乳脂率为 3.91%，年均乳蛋白率为 3.20%。

【注意事项】

① 测定头数增减不超过 5%~10%。

② 有连续 6 次以上的测定结果。

③ 报告中没有很明显的高泌乳天数及高产奶量牛只。

④ 无乳脂率乳和蛋白率严重倒挂现象。

⑤ 连续 N 个样品测定结果基本一样。

四、规模化牧场高效繁殖管理技术

【适用范围】规模奶牛场。

【解决问题】解决发情监测不到位，冻精解冻及人工授精操作不规范等。以及同期制作的关键注意点，妊娠检查的操作规范，相关数据指标分析等。

【技术要领】

1. 发情监测选择

牛只发情特征：爬跨其他牛只；站立接受其他牛只爬跨；多次试图爬跨牛只和爬跨其他牛只头部；闻嗅其他牛只阴部；用下颌蹭其他牛只；阴门红肿并流出透明拉丝状黏液；在圈舍似有目的快速行走；牛舍内多牛只伴随而行。

根据牧场情况选择具体的发情监测方法，使发情监测最大化。根据发情监测方法的不同，可分为人工监测、尾根涂色＋人工监测、发情设备监测、同期排卵定时输精等方法。

（1）人工监测 需要技术熟练者，持续24h对牛群进行观察。记录第一次接受稳跨时间，方便推算参配时间。

（2）尾根涂色＋人工监测 需要每天2次100%尾根涂色（尾根处向前延伸10~15cm，宽5cm涂色），持续24h对牛群进行观察，并实时追查尾根掉色原因。查看臀部是否有其他牛只爬过痕迹，检查阴部是否红肿流黏液，要区别开被其他牛只舔舐过的痕迹。

（3）发情监测设备 24h不间断监测，记录牛只活动量，系统做出分析并检出发情牛只，需及时录入信息并早中晚查看发情数据。

（4）同期排卵定时输精 该程序是通过激素注射，同步卵巢活动规律。

小结：产后30d开始观察发情，每次每牛舍需停留最少5min，并且间隔1h循环一次观察，全天24h观察发情。不能以一个发情动作记录发情，而要综合多项发情表现。

自然发情表现

尾根涂色

发情设备监测系统

2.冻精解冻

（1）冻精解冻程序　①器械准备齐全；②水温调试到 35~37℃；③调试秒表，准备卫生纸，输精枪外套恒温准备；④提开液氮罐盖，提取冻精提桶并保持在白线以下，夹取冻精轻甩掉液氮，放入解冻水杯，待 45s 取出冻精细管。要求每次只取一支；⑤输精枪用纸巾擦拭预热并擦干冻精细管水珠且保持恒温，并装枪。

要求整个过程保持恒温，避免阳光照射，防止灰尘污染。做到每天对器械消毒，保证液氮充足，定期对温度计校正。

小结：冻精入库前要做冻精活力检查，冻精贮存参配罐需要每天液氮补充，冻精库房贮存罐 2~3d 补充液氮 1 次，以保证液氮罐液氮充足。

冻精提取

精枪试温

（2）人工授精过程　① 信息查询是否符合产后过自然等待期、配次允许、发情是否规律、是否流产、发情6~8h牛只，分析发情牛只，并对配次低的牛只优先参配；② 挤完奶回舍进行保定；③ 生殖器官简单检查；④ 冻精解冻；⑤ 手臂涂抹润滑液，伸入直肠，卫生纸擦净外阴，握拳下压肛门撑开外阴，输精枪斜上45°放入，一只手直肠握住子宫颈，枪头放入子宫体缓慢输精。要求解冻到输精完成保持在5min内，并在臀部做参配标记。

牛只参配

配后标记

小结：输精时需注意输精枪恒温放入生殖道；输精枪外套选用要带薄膜的，待输精枪接近宫颈口时捅破外套薄膜，以防止污染子宫颈。

3.同期排卵定时输精
（1）同期方案

	周一	周二	周三	周四	周五	周六	周日
第1周	61d	62d GNRH	63d	64d	65d	66d	67d
第2周	68d	69d PG	70d	71d GNRH	72d TAI	73d	74d

（2）预同期方案

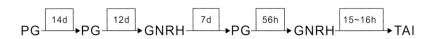

	周一	周二	周三	周四	周五	周六	周日
第1周	33d	34d	35d	64d PG1	37d	38d	39d
第2周	40d	42d	42d	43d	44d	45d	46d
第3周	47d	48d	49d	50d PG2	51d	52d	53d
第4周	54d	55d	56d	57d	58d	59d	60d
第5周	61d	62d GNRH1	63d	64d	65d	66d	67d
第6周	68d	69d PG3	70d	71d GNRH2	72d TAI	73d	74d

（3）双同期方案

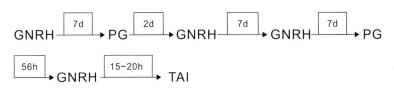

GNRH → [7d] → PG → [2d] → GNRH → [7d] → GNRH → [7d] → PG

→ [56h] → GNRH → [15~20h] → TAI

	周一	周二	周三	周四	周五	周六	周日
第1周	36d GNRH1	37d	38d	39d	40d	41d	42d
第2周	43d PG1	44d	45d GNRH2	46d	47d	48d	49d
第3周	50d	51d	52d GNRH3	53d	54d	55d	56d
第4周	57d	58d	59d PG2	60d	61d GNRH4	62d TAI	63d
第5周	64d	65d	66d	67d	68d	69d	70d

小结：① 确定同期执行方案，按周或按天计划进行。② 打针当天筛选未参配产后范围牛只，妊检未孕及流产40d执行同期方案。③ 颈部肌内注射严禁打飞针，每次打针100%注射到位。按先打先配原则进行。④ 对于卵巢疾病诸如卵巢囊肿和卵巢静止的，可按照上述的10d同期方案一并治疗。⑤ 同期制作期间发情的，可考虑同期后参配数量，符合参配条件的可以先进行参配。⑥ 如果是预同期PG2处理期间，查询近1周发情的，本次PG注射可取消，可到同期下步继续进行。

4.配后妊娠检查

（1）**方法** 分直肠检查、B超检查、血液检测。

（2）**妊娠检查天数** 初检28~40d、二次60~120d、三次干奶、四次围产，可根据妊娠检查情况调整妊检天数和次数，不少于3次。

（3）**直肠检查** ① 初检通过直肠提拉子宫，通过直肠壁触摸子宫角，翻起并轻捏子宫角感觉有胎膜滑动即为怀孕，无胎牛只子宫角无滑动感觉。40d有孕宫角是另侧2倍，触诊明显。② 二次检查触诊如足球，可触摸到子叶。③ 干奶检查，可触摸到子叶，并可触到胎儿。

（4）**B超检测**　通过超声波技术，探头查看子宫角胚胎，左右两侧子宫角都需查看，B超操作简单直观。考虑到胚胎着床的稳定性，建议30d进行检查。

（5）**血液检测**　配后28d，通过检测孕酮水平以评估是否怀孕。

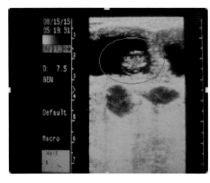
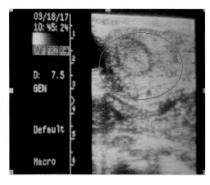

B超怀孕影像　　　　　　　　　　　　B超空怀影像

现场孕检

注意：确保每次检查和记录的准确，缩短检查时间以减少应激，杜绝因人为因素导致的胚胎死亡。

5. 管理软件数据分析

（1）首配分析　为牧场采用预同期处理模式，可看出自然等待期为 50d，有提前或延迟参配的牛只。

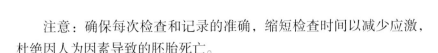
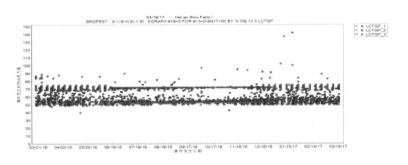

首配分析散点图

（2）历史周受胎分析　可看出整年受胎情况，夏季 7~9 月受热应激的影响，需做好预防工作。

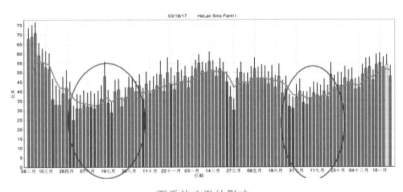

夏季热应激的影响

（3）21d 怀孕率分析　显示全年平均怀孕 29%，发情揭发率为 68%，有待加强。同时要降低夏季炎热带来的应激。

日期	该发情	发情	%	该怀孕	怀孕	%	流产		
3/05/16	1189	802	67	1163	352	30	43		
3/26/16	1287	808	63	1260	340	27	56		
4/16/16	1175	764	65	1138	334	29	43		
5/07/16	999	651	65	989	297	30	49		
5/28/16	815	555	68	801	229	29	43		
6/18/16	786	542	69	776	224	29	41		
7/09/16	802	512	64	784	155	20	36		
7/30/16	883	585	66	863	175	20	48		
8/20/16	862	577	67	835	164	20	34		
9/10/16	822	549	67	804	188	23	30		
10/01/16	786	593	75	763	228	30	32		
10/22/16	736	496	67	726	200	28	22		
11/12/16	874	608	70	831	249	30	31		
12/03/16	1163	834	72	1133	367	32	33		
12/24/16	1300	935	72	1268	465	37	21		
1/14/17	1219	923	76	1141	463	41	18		
2/04/17	1018	733	72	0	0	0	1	????	未知地位
2/25/17	891	711	80	0	0	0	0	????	未知地位
合计	15698	10734	68	15275	4430	29	580		

保持期 50

6. 繁殖目标值

见表 2–21。

表 2–21 规模化牧场繁殖目标值

目标	名称	目标值
育种方向	健康 长寿 优质 高产	
情期受胎率	青年牛常规精液受胎率 CR%	≥ 65%
	青年牛性控精液受胎率 CR%	≥ 50%
	泌乳牛常规精液受胎率 CR%	≥ 45%
发情揭发率	泌乳牛 HDR%	≥ 65%
21d 怀孕率	青年牛怀孕率 PR%	≥ 35%
	泌乳牛怀孕率 PR%	≥ 28%
其他	平均产犊间隔（胎间距）	≤ 400
	青年牛平均产犊月龄	≤ 25 月龄
	繁殖障碍淘汰率	< 8%
	平均产后首配天数	≤ 75
	怀孕牛平均配次	青年牛 ≤ 1.7 成母牛 ≤ 2.2

【应用效果】提高发情揭发率和受胎率，提高 21d 怀孕率。

【注意事项】充分考虑牛群规模和发情牛只数量，做好参配时间的考量，合理人员安排，提前工作部署，做到人要等牛。

第三节 饲养管理

一、酸化奶饲喂犊牛技术

【适用范围】哺乳期犊牛。

【解决问题】什么是酸化奶，酸化奶的制作流程，酸化奶与自由采食和散栏饲养如何结合，以及制作酸化奶的注意事项。

【技术要领】

1. 酸化奶的概念

通过人为的添加食品级甲酸，使牛奶的 pH 值处于 4.0~4.5 的范围，以 pH 值为 4.2 为最好，酸化 10~14 h 后的牛奶。饲喂酸化奶具有减少劳动力，使用廉价设备利用剩余初乳和废弃乳，减少犊牛腹泻，促进犊牛生长发育，降低犊牛饲养成本等优点。

2. 酸化奶的制作

（1）**甲酸的稀释** 将 85% 的食品级甲酸稀释成 8.5% 浓度的稀释液，即 1 份 85% 浓度甲酸与 9 份水均匀混合配制成甲酸稀释液，其中，水最好是开水冷却至常温的水。

（2）**配制酸化奶** 添加甲酸稀释液前，应进行最后一次搅拌密闭容器内的甲酸稀释液，并按照 1 L 牛奶中添加 30 mL 8.5%甲酸稀释液的比例，或 1 L 牛奶中添加 40~50 mL 8.5%甲酸稀释液的比例进行配制，边加边搅拌，充分搅拌后，牛奶的酸化时间为 10~14 h。一般地，添加甲酸稀释液时牛奶温度应处于 20~24℃或 4~10℃。

（3）**定时搅拌** 首次搅拌为向牛奶中添加甲酸时，直至牛奶中有微粒出现为止；第 2 次搅拌为首次搅拌后 1 h；第 3 次为饲喂之前需充分搅拌。因为酸化，牛奶很容易出现固液分层现象，所以，最好应适当增加搅拌次数，每日至少搅拌 3 次。

3. 酸化奶的饲喂

（1）**初乳收集**　牛产犊后尽快收集初乳，及时、足量、高品质的初乳是确保犊牛降低发病率和死亡率的有效手段。初乳的品质对新生犊牛被动免疫有很大的影响。奶牛产后要尽快挤出初乳，时间越久，初乳的 IgG 含量越低。最好母牛在产后 2 h 之内收集完第一次初乳。

（2）**初乳饲喂**　犊牛出生后尽早饲喂初乳，出生后 0.5~1 个小时内第一次灌服初乳，初乳温度加热到 38~40℃。首次灌服犊牛体重的 10% 的初乳，隔 6 h 再喂 2 L 以上初乳。

（3）**犊牛分群**　将单栏饲养的 4 日龄左右的健康犊牛，根据其体重的大小进行分群，一般 6~8 头为一群，场地面积为 ≥ 3 m²/头。

（4）**前期准备**　选择合适的奶桶，奶桶中应有加热和搅拌装置；将其悬挂或放在距犊牛所站地面 60~65 cm 的高度，在进行散栏式饲喂前，应对场地进行消毒和铺设垫料，以及准备开食料和温水。

（5）**饲喂时间和方式**　犊牛从第 4 日龄开始饲喂酸化奶，采用散栏的方式饲喂，建议犊牛乳头比为 3∶1 或 1∶1，以确保犊牛均能采食到酸化奶，保证其均匀生长。

（6）**饲喂量**　转群当天按正常量的 3/4 进行饲喂，转群后 2~3 d 恢复正常饲喂量，酸化奶饲喂量应逐渐增加，逐渐实现自由采食，正常的饲喂量见表 2-22，在此期间主要工作为让犊牛熟悉新环境，训练其识别乳头，引导其吸吮乳头，逐渐适应酸化奶。

规模牧场酸化奶装置

表2-22　正常的饲喂量

日龄（d）	日次数	日量（L）	总量（L）
7~20	自由采食	6	78
21~50	自由采食	8~10	240~300
51~60	自由采食	3~4	30~40

注：饲喂时间根据牧场实际情况进行安排，但饲喂时间间隔应尽量相同

（7）**饲喂温度**　冬季饲喂时的奶温应保持在35℃以上，其他季节可略低，应保持在25~26℃，在犊牛饲喂过程中应防止因奶温的差异过大而对犊牛造成应激。

4.哺乳犊牛的饲养管理

（1）**环境**　保证犊牛所处环境安静、干燥、清洁，并有充足的垫料和阳光，其中垫料为厚垫草或沙床；每天清理两次粪尿，并适时更换垫料；适度通风，提供新鲜空气。

（2）**提供开食料和饮水**　开食料和水槽分布在奶桶的两侧，并保持一定的距离。开食料和饮水在犊牛4日龄时进行添加，添加量参考表2-23，也可多添些让其自由采食；犊牛自由饮水，水温为与奶温接近，一般 >25℃，水质应符合 GB 5749—2006 的规定；注意保证颗粒料和饮水的卫生。

表2-23　颗粒料添加量参考

日龄(d)	方式	日量(kg)	总量(kg)
7~20	自由采食	0.3	3.9
21~50	自由采食	0.6~0.8	18.0~24.0
51~60	自由采食	1.0~1.5	10.0~10.5

注：颗粒料可根据犊牛的采食情况或剩料量酌情进行增减

（3）**犊牛去角**　在犊牛出生后4d进行，采用药物法或电烙法去角，或犊牛出生后第15~21d内除角；其中，选用电烙法去角后，用土霉素粉敷在去角处，预防感染。

5. 犊牛断奶

（1）**降低饲喂次数和饲喂量**　从 50 日龄开始，减少酸化奶的饲喂次数和饲喂量，每天饲喂一次，饲喂量 3~4 L；增加颗粒料饲喂量，同时添加高质量苜蓿干草，苜蓿添加量不超过 0.5~1kg/（头·d），颗粒料可不限量。

（2）**犊牛断奶**　记录犊牛颗粒料的采食量和体重，当颗粒料采食量平均达到 1.0~1.5 kg/d 时，体重达到出生重的 2 倍时，即在 42~60 日龄时可进行一次性安全断奶。

（3）**断奶后的饲养管理**　犊牛断奶后应停留在原犊牛舍饲养至少 1 周，随后按体格大小重新分群后，转入断奶犊牛舍，且保持每栏 6~10 头。

断奶犊牛提供自由饮水和开食料，每天将剩料清理干净，并提供优质干草，推荐燕麦草、苜蓿草等。该阶段的目标日增重为 0.75~1.0 kg。

【应用效果】延长饲喂犊牛牛奶的保存时间，缓解犊牛饥饿，降低犊牛腹泻率，实现哺乳犊牛自由采食、群体饲养，提高哺乳犊牛生长性能，减少劳动力，同时酸化奶的出现使得废弃奶的直接饲喂成为可能，因为废弃奶酸化 10 h 后可杀死大部分细菌而被利用，降低了哺乳犊牛养殖成本。

【注意事项】

① 将甲酸放入水中稀释，以防喷溅。配好的甲酸稀释液应密封、避光保存，最好在 3d 内用完。

② 将甲酸稀释液放入乳中搅拌，搅拌均匀后，酸化奶的 pH 值应保持在 4.0~4.5 范围内，高于此范围可以适当的再添加甲酸稀释液，充分搅拌后再测 pH 值；低于此范围会影响犊牛的采食量。

③ 酸化奶的奶温应保持在 16℃ 以下，否则容易出现结块和奶水分离的现象。

④ 乳房炎奶和血乳禁止制作酸化奶使用。

⑤ 酸化时间应保证在 10 h 以上，以达到杀菌效果；制作好的酸

化奶应在 3~7 日内饲喂完犊牛。

⑥ 前 3 d 应密切观察犊牛的粪便，对于出现腹泻的犊牛应及时治疗和补水，防止因脱水而造成犊牛的死亡。对于发生腹泻的犊牛应减少其酸化奶的饲喂量，待犊牛痊愈后，逐渐增加酸化奶饲喂量。

⑦ 若犊牛在 60 日龄时，未达到断奶标准，应延迟断奶，最长可延迟 3 周；在断奶后的 15 d 内应注意跟踪观察犊牛的健康状况。

二、犊牛断乳期培育关键技术

【适用范围】出生至断奶哺乳期犊牛。

【解决问题】犊牛是泌乳牛的后备力量，是畜群的未来，其培育质量至关重要。犊牛生长发育良好、免疫机能强大、瘤胃和乳腺发育正常，才能共同构建起优秀泌乳牛的体质基础，延长奶牛使用寿命、提高奶产量和品质，充分发挥遗传潜力。未得到正常生长发育的犊牛会出现诸如生长缓慢、头胎产犊时间推迟、缩短使用寿命以及难产等问题，影响其未来的产奶潜力。根据奶牛生理特点和发达国家经验，后备牛 13~14 月龄即可达到配种要求，降低培育成本，提高奶业经济效益。

犊牛

犊牛断乳期培育关键技术是 2016 年农业部主推技术之一，中国农业科学院"百项重点推广成果"，技术及其产品已在全国的 31 个省、市和自治区示范应用，效果显著。本技术可培育出优质后备牛，推动现代奶牛养殖业的发展。

【技术要领】

1. 犊牛的初乳饲喂

犊牛出生后应尽早喂初乳，最好在出生后 0.5~1.0 h 内吃上优质初乳，第一次饲喂量达到体重 10%（4L 左右），第二次饲喂应在出生 6~9 h 内（2L 左右）。初乳饲喂温度应保持 35~38℃，变凉的初乳可用水浴加热，不应使用明火加热。犊牛不会吃初乳时需要人工辅助，目前牧场基本上使用初乳灌服器来饲喂犊牛足量初乳。

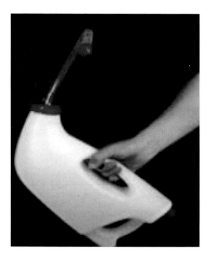

人工辅助哺乳

2. 初乳质量评价与管理

（1）初乳测定仪测定　只有饲喂犊牛质量合格的初乳才能让犊牛获得足够的免疫球蛋白（Ig）G，所以检测初乳至关重要。目前主要是使用初乳比重计或数显初乳折光仪测定初乳中 IgG 的含量，来判定初乳质量。当 IgG 含量大于 50 mg/mL（初乳比重计测定为绿色，数显初乳折光仪折射率大于 22%），初乳质量良好；当 IgG 含量大于 22 mg/mL（初乳比重计测定为黄色，数显初乳折光仪折射率 20.0%~21.9%），初乳质量中等；当 IgG 含量小于 22 mg/mL（初乳比重计测定为红色，数显初乳折光仪折射率小于 19.9%），初乳质量差，不建议饲喂初生犊牛。

（2）生物学品质　评价初乳的生物学品质，指标包括标准平皿计数（SPC，Standard plate count）、细菌总数（TBC，Total Bacterial Count）、粪大肠菌群数（FCC，Faecal Coliform Counts），并且可在初

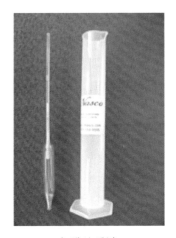

初乳比重计

数显初乳折光仪

乳采集、饲喂、贮藏的各个时间进行检测。要求 SPC<5000 CFU/mL，TBC<100000 CFU/mL，FCC<1000 CFU/mL。为了保证初乳的品质，不应采集带血的初乳和乳房炎奶牛产的初乳；应使用清洁干净的容器测定初乳的微生物数量。

（3）被动免疫转移的充分性　可用血清折光仪检测 2~3 日龄以内的犊牛血清中总蛋白含量，来判定犊牛获得被动免疫的充分性。要求血清总蛋白大于 5.5 g/100 mL。

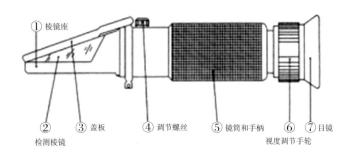

血清折光仪

（4）初乳的采集、保存与解冻应符合要求

① 初乳采集。犊牛出生后，应立即消毒母牛乳头并采集初乳；不应采集病牛的初乳；采集后的初乳，在保存、饲喂过程中所使用的器皿必须要清洁、消毒，一般 1~2 L 一瓶或一袋，最多不要超过 4 L，以便方便使用。

② 初乳保存。初乳含有丰富的营养成分，极易滋生微生物，不应将初乳保存在室温下，采集后应立即冷藏或冷冻。首先要在 30 min 内快速冷却到 15℃以下，可以将干净的冰袋放在初乳上，推荐比例为 1：4（冰：初乳）。然后在 2 个小时内降低到 4℃，随后贮藏在冰箱中，在 1~2℃可存放 7 d。如果存放期超过 3 d，可考虑添加细菌生长抑制剂，例如山梨酸钾等。将初乳冷冻可贮存 1 年左右，冷冻时特别要关注冰柜的温度达到 –20℃，并且需要给每个容器做好标记，记录保存的时间和 IgG 含量。

③ 初乳解冻。在给犊牛饲喂前，需要将初乳解冻。解冻时应以热水浴缓慢解冻，如果使用微波炉解冻，则一定要低功率、短时间，避免温度过高破坏初乳中抗体 IgG。

④ 牛奶的饲喂。很多牧场还是使用牛奶饲喂犊牛，但是各个牧场根据对犊牛的饲养目标不同，牛奶的饲喂量也有所不同，但是基本上都是从少到多逐渐增加，之后又逐渐减少直到断奶。饲喂方式、饲喂时间、饲喂频次应该稳定。一般情况下，2~45 日龄，每天饲喂 4~12L 常乳，2~3 次；45 日龄至断奶，逐渐减少直至断奶。

3. 尽早补饲固体饲料

从犊牛 3 日龄开始，即可逐步调教采食开食料、粗饲料等固体饲料，促进胃肠道发育根据犊牛的生

开食料和水桶放置距离

长速度增加开食料，料桶里必须 24 h 有料，少喂勤添，以备犊牛自由采食。42 日龄后开食料采食量连续三天达到 1 kg 后即可开始实施断奶。开食料和水桶要间隔开一定距离，防止开食料被犊牛弄到水桶中，污染水质。

4. 代乳粉使用方法

3 日龄开始，也可以使用犊牛代乳粉替代牛奶饲喂犊牛。刚开始饲喂代乳粉时，需要 5~7 d 的过渡期，以代乳粉逐步替代牛奶。不要过急，犊牛需要适应新的饲料，过急易造成腹泻。每天每头犊牛代乳粉干粉饲喂量是小牛体重的 1.2%~1.5%，平均分成两顿或者三顿饲喂。或者按

代乳粉使用说明

照牛奶的喂量，饲喂同等量的代乳粉液体 [按 1 :（6~9）冲泡比例计算] 所示。严格按照事先确定的饲喂量进行饲喂，不可过量饲喂。并且每次饲喂时的饲喂顺序尽可能保持一致。饲喂将近结束时，应注意让犊牛将奶桶内的代乳粉全部吃干净。

5. 定期检测犊牛生长性能

对犊牛体重、体尺（一般常规测定体高、体斜长和胸围）进行定期检测，记录犊牛采食量，建立起规范的数据记录。一般使用测杖和卷尺测量犊牛的体重和体尺。

体高：由牛鬐甲最高点到地面的垂直距离，用杖尺测量。

体斜长：自肩点至臀端坐骨结节后缘的距离。一般可用测杖或硬尺测量。假使用来估计体重，用软尺紧贴皮肤量取。

胸围：肩胛骨后缘处的体躯垂直周径。用卷尺绕上述部位的体躯一周量取。

6. 犊牛饲养的其他要求

（1）**饮水** 犊牛出生后第 3 天开始给水，主要自由饮水为主。每天保证水槽和水桶的干净，水必须清洁，冬季必须给温水。犊牛岛的水每天随时观察，24 h 不可断水。

（2）**去角** 犊牛出生后第 15~21 d 内使用涂药方法去角。

（3）**副乳头的剪除** 犊牛出生 21 d 后剪副乳头，断奶时再检查一次。副乳头剪除后要严格消毒。

（4）**环境** 清理牛舍、消毒、保持牛舍的通风。

（5）**饲喂完巡圈** 检查每头牛体质情况，及时发现病牛，及时治疗。

【应用效果】

饲喂代乳粉与牛奶饲喂的犊牛相比，每头犊牛在哺乳期降低培育成本 200 元以上，体尺增长提高 5% 以上，犊牛健康水平提高。

【注意事项】

① 犊牛饲喂需要注意"五定""四忌""三清"，即定时、定量、定人、定质、定温；忌态度粗暴、忌噪声刺激、忌垫料潮湿、忌寒冷穿堂风；达到圈舍清洁、皮肤清洁、饲料来源清楚质量有保障。

② 代乳粉要即冲即喂，每次放置时间不超过 30 min；温开水冲泡，冬季：50~60℃，夏季：40~50℃。

③ 奶桶一头牛一个，注意消毒；如使用奶罐，甲酸具有腐蚀性，使用的奶罐每天都要彻底清洗。

④ 酸化代乳粉的 pH 值范围要在 4.5~5.0，过低会影响犊牛胃肠道发育，过高起不到杀菌作用。

⑤ 酸化代乳粉饲喂犊牛时，由于不能控制饲喂量，故在分群时一定要仔细，断奶前一段时间要减少饲喂量。

⑥ 测量体尺时，场地要平坦，犊牛站立姿势要端正。

三、育成牛培育关键技术

【适用范围】 7 月龄到配种前的母牛。

【解决问题】育成牛阶段是奶牛在生理上达到最高生长速度的时期，应保证育成牛的营养需要和正确的饲养管理方式，确保育成牛正常的生长发育，为其终生产奶打下良好的基础。育成牛饲养的好坏将直接影响第1次配种年龄和之后产乳性能的高低。

【技术要领】

1.育成牛的培育意义与任务

（1）育成牛的培育意义　该阶段的母牛正处于快速的生长发育阶段，此时母牛饲养管理的好坏与母牛的繁育和未来的生产潜力有极大关系。对这个阶段的母牛，必须按不同年龄发育特点和所需营养物质进行正确饲养，以实现健康发育，正常繁殖，尽早投产的目标。

（2）育成牛的培育任务　保证牛的正常生长发育和适时配种。只有在育成牛的饲养管理中做到牛只的正常发育和健康体壮，才能提高牛群质量，保证奶牛高效产奶。

2.育成牛的饲养措施

育成牛可划分为7~12月龄（小育成牛），13~18月龄（大育成牛）两个不同阶段。推荐使用全混合日粮饲喂方式进行饲养，日粮以粗饲料为主，各月龄营养需要量见表2-24。

表2-24　育成牛营养需要量

体重 (kg)	日增重 (kg/d)	采食量 (kg/d)	NEm (Mcal/d)	NEg (Mcal/d)	ME (Mcal/d)	RDP (g/d)	RUP g/d	RDP (%)	RUP (%)	CP (%)	Ca (g/d)	P (g/d)
	0.7	4.2	3.57	1.22	9.3	393	230	9.4	5.5	14.9	30	13
150	0.8	4.2	3.57	1.41	9.6	407	261	9.7	6.2	15.9	33	15
	0.9	4.2	3.57	1.61	9.9	421	292	10.0	6.9	16.9	37	16
	0.7	5.2	4.44	1.51	11.5	488	205	9.4	4.0	13.4	30	14
200	0.8	5.2	4.44	1.75	11.9	505	233	9.7	4.5	14.2	34	15
	0.9	5.2	4.44	1.99	12.3	522	260	10.0	5.0	15.0	37	17
	0.7	6.1	5.24	1.79	13.6	577	182	9.4	3.0	12.4	31	15
250	0.8	6.2	5.24	2.07	14.1	597	207	9.7	3.4	13.1	34	16
	0.9	6.2	5.24	2.36	14.6	617	232	10.0	3.7	13.7	37	17

（续表）

体重 (kg)	日增重 (kg/d)	采食量 (kg/d)	NEm (Mcal/d)	NEg (Mcal/d)	ME (Mcal/d)	RDP (g/d)	RUP (g/d)	RDP (%)	RUP (%)	CP (%)	Ca (g/d)	P (g/d)
	0.7	7.0	6.01	2.05	15.6	661	161	9.4	2.3	11.7	33	16
300	0.8	7.1	6.01	2.38	16.2	685	183	9.7	2.6	12.3	35	17
	0.9	7.1	6.01	2.70	16.7	707	205	10.0	2.9	12.9	38	18
	0.7	7.9	6.75	2.30	17.6	742	141	9.4	1.8	11.2	34	17
350	0.8	7.9	6.75	2.67	18.2	769	162	9.7	2.0	11.7	37	18
	0.9	8.0	6.75	3.03	18.8	794	181	10.0	2.3	12.3	40	19
	0.7	8.7	7.46	2.55	19.4	821	124	9.4	1.4	10.9	35	18
400	0.8	8.8	7.46	2.95	20.1	850	142	9.7	1.6	11.3	38	19
	0.9	8.8	7.46	3.35	20.7	878	159	10.0	1.8	11.8	41	20

（1）育成牛的培育目标

① 小育成牛的生长速度目标是日增重700~800g，大育成牛日增重的目标是800~825g。

② 12月龄体重达到280~330kg，13月龄时体重达到380kg，体高127cm，然后进行配种，到24月龄分娩时的体重为550kg。

③ 12月龄的育成牛体高达到120~123cm，胸围157cm；18月龄育成牛体高应达到135cm，体长160cm。到24月龄分娩时体高达到140cm，胸围193cm。

（2）小育成牛的日粮供给 7~12月龄是育成牛发育最快时期，该阶段是奶牛适应大量粗饲料的过程，此时奶牛瘤胃的容量大增，利用青粗饲料能力明显提高，日粮必须以优质青粗饲料为主，此期青贮饲料喂量是每头每天10~15kg，干草2~2.5kg，精饲料每头每天可供给2~2.5kg。防止饲喂过多的营养而使育成牛过肥。

（3）大育成牛的日粮供给 此时母牛的消化器官发育已接近完善，进入体成熟时期，生殖器官和卵巢的内分泌功能更趋健全，发育正常者体重可达成年牛的70%~75%，此时育成牛体重应达400~420kg，此期青贮饲料喂量是每头每天15~20kg，干草

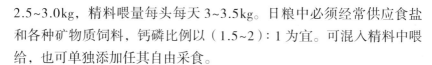

2.5~3.0kg，精料喂量每头每天3~3.5kg。日粮中必须经常供应食盐和各种矿物质饲料，钙磷比例以（1.5~2）：1为宜。可混入精料中喂给，也可单独添加任其自由采食。

后备牛舍

3. 育成牛的管理方法

（1）分群饲养　将不同月龄育成牛分群，每群内牛只数不宜过多，20~30头不等，个体间月龄不超过一个月，体重不超过25kg；观察牛群的大小以及群内个体月龄和体重的差异，如果一个圈内牛群的头数较多，而体重和年龄的差异很大，就会产生一些吃的过好的肥牛和吃不饱的弱牛。

（2）提供足够的料槽和充足的饮水　确保牛群有足够的采食槽位，投放草料时，按饲槽长度撒满，从而能够为每头牛提供平等的采食机会。保持饲槽经常有草，每天空槽时间不超过2h；此期间应保证供给足够的饮水，采食的粗饲料越多，相应水的消耗量就大，与泌乳牛相比并不少，6月龄时每日15L，18月龄时约40L（因地区气候条件不同会有增或减）。

（3）保持适当的运动　适当运动对于育成牛的健康很重要，锻炼肌肉和内脏器官，促进血液循环，加快骨骼生长和身体发育，建议每天舍外运动4~5 h。其次还要经常让牛晒阳光，阳光除了促进钙的吸收、体格生长和体重的增加外，还可以对促使体表皮垢的自然脱落起作用。

育成牛舍

（4）**适当刷拭牛体**　在管理中应从皮肤清洁入手，及时除掉皮肤代谢物，否则牛会产生"痒感"。长期这样也会影响牛的发育，造成牛舍设施的破坏，所以在牛舍中装上奶牛刷体设备来提高奶牛福利。

（5）**按摩乳房**　乳腺的生长发育受神经和内分泌系统活动的调节，对乳房进行按摩能显著促进乳腺生长发育，提高产奶量。同时，按摩乳房还可以使其提前适应挤奶操作，以免产犊后出现抗拒挤奶的现象。每次按摩时间以5~10 min为宜。

（6）**修蹄**　育成牛生长速度快，蹄质较软，易磨损。因此，从10月龄开始，每年春、秋季节应各修蹄一次，以保证牛蹄的健康。

（7）**适时配种**　若要使育成牛达到所推荐的24月龄分娩，就需要在两方面做改进，首先要加快育成牛的生长速度；其次要根据体重来确定初配日期，而不是年龄。在12月龄以后应注意观察母牛的发情情况并做好记录，适时配种。

（8）**称重和测量体尺**　育成牛应每月称重，并测量12月龄和16月龄的体尺，作为评判母牛生长发育状况的依据。

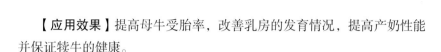

【应用效果】提高母牛受胎率，改善乳房的发育情况，提高产奶性能并保证犊牛的健康。

【注意事项】

① 育成牛分群饲养；

② 观察 12 月龄后育成牛的发情情况，适时配种；

③ 根据育成牛的体况调整饲喂配方。

四、泌乳期奶牛饲养关键技术

【适用范围】产犊后产奶开始到产奶结束这一期间的母牛。

【解决问题】注重围产期奶牛的饲养，产奶高峰期时注意奶牛能量负平衡、酮病等现象的发生。

【技术要领】

根据奶牛的泌乳情况，便于奶牛的饲养管理，将奶牛的泌乳周期分为四个阶段，即泌乳前期（新产牛），泌乳盛期，泌乳中期和泌乳后期。

1. 各阶段奶牛的日粮要求

（1）泌乳前期（新产牛）

① 饲喂新产牛日粮，根据奶牛食欲状况逐步增加精饲料、多汁料、青贮和干草的供给量。

② 保证充足的采食时间，提高奶牛干物质采食量，减少产后能量负平衡对奶牛生产性能的影响。

③ 精料和粗饲料的比例为 35：65。

（2）泌乳盛期

① 奶牛泌乳盛期在整个泌乳期中最为重要，其产奶量最多，约占整个泌乳期奶产量的 50%，同时也是需要能量最大的时期，因此在这个时期必须选择高能量、高蛋白的精料，但精饲料最高不超过 12 kg。

② 粗饲料要求为优质干草和青贮饲料。

③ 日产奶 40 kg 以上的应补给过瘤胃脂肪等高能饲料、维生素及其他微量元素。

④ 精料和粗饲料的比例为 60∶40，其中粗蛋白质应占 16%~18%。

（3）**泌乳中期**　这个时期的奶牛饲养目标是延长泌乳高峰期，保证奶牛有较高的产奶量。

① 高峰期以后每日精料饲喂量可根据奶牛的体重和产奶量调整。

② 此阶段是奶牛整个泌乳期中食欲最旺盛的时期，干物质食入量可达体重的 3.5% 左右，所以要利用这个时机让奶牛摄取足够的能量，防止体重继续下降，体重平稳之后产奶量才能保持平稳。

③ 精料和粗饲料的比例为 40∶60。

（4）**泌乳后期**

① 此阶段为奶牛恢复期，逐渐达到上次产犊时体重和膘情的标准，本期内必须防止体况过肥，以免导致难产及其他一些疾病的发生。

② 精料和粗饲料的比例为 30∶70。

2. 泌乳期奶牛的管理

（1）**产房的管理**

① 产房要保持安静、干净、卫生，昼夜设专人值班。

② 做好接产准备及监控。

接产准备如下。

a. 专人负责观察奶牛。

b. 将有临产症状的奶牛转移到备有充足和干净垫料的产圈中。

c. 如需助产，应使用消毒液清洗奶牛阴户、接产人员手臂和助产器械，用润滑剂润滑奶牛的产道。

③ 做好产圈的各项消毒工作及记录。

a. 及时清除胎衣并更换产圈垫料。

b. 用 2% 的火碱或（1∶400）~（1∶800）的二氯异腈尿酸钠/三氯异腈尿酸钠对产圈进行消毒，消毒液的使用量要达到 200mL/m²，消毒要彻底，不留死角。

④ 做好新产牛灌服工作及各种记录。

新产牛只产后 2h 内需进行灌服，详细记录灌服时间和灌服数量。灌服配方：氯化钙 120g，氯化钾 120g，丙二醇 500mL，酵母 30g，

温水 20~40kg。

⑤ 母牛产后 2h 内挤第一次奶，如果没有乳房炎，从第二班开始上机挤奶。

⑥ 产后 12h 内观察胎衣排出情况，如脱落不全或胎衣不下，及时报告兽医进行处理。

（2）泌乳牛的管理

① 分群管理，定位饲养。

② 按饲养规范饲喂，不堆槽，不空槽，不喂发霉变质、冰冻的饲料。注意检出饲料中的异物。

③ 运动场要设补饲槽、饮水槽。加强挤乳和乳房按摩，促使母牛加强运动，提供充足清洁的饮水。

④ 做好冬季防寒、夏季防暑工作。

⑤ 保持牛舍、运动场的卫生，及时清理粪便。牛舍、运动场做到冬暖夏凉，预防热射病。

⑥ 在挤奶前刷拭牛体，每天 1~2 次。

⑦ 饲养管理人员应做到熟悉每头牛的基本情况。对牛只异常变化应做到早发现、早报告、早处置，并配合技术人员做好检疫、治疗、配种、测定、记录等工作。

3.乳房卫生保健

（1）隐形乳房炎的监测

① 泌乳牛每月进行一次隐性乳房炎监测，凡阳性反应在"+"以上的乳区超过 15% 时，应对牛群及各挤乳环节做全面检查，找出原因，制定相应解决措施。

② 干乳前 10 d 进行隐形乳房炎监测，对阳性反应在"+"以上的牛只及时治疗，干乳前 3 d 内再监测一次，阴性反应牛才停乳。

③ 每次监测应详细记录。

（2）控制隐性乳房感染与传播的措施

① 奶牛停乳时，每个乳区注射 1 次抗菌药。

② 产前、产后乳房膨胀较大的牛只，不准强制驱赶起立或急走，

蹄尖过长及时修整，防止发生乳房外伤。

③ 临床型乳房炎病牛应隔离饲养，奶桶、毛巾专用，用后消毒。病牛要及时治疗，抗生素治疗期间，乳应废弃，病牛隔离痊愈后再回群。

④ 及时治疗胎衣不下、子宫内膜炎、产后败血症等疾病。

⑤ 对久治不愈、慢性顽固性乳房炎病牛，应及时淘汰。

4. 蹄卫生保健

① 牛舍运动场地面应保持平整、干净。及时清理粪便和污水。

② 保持牛蹄清洁，清除趾间污物，冬季用干刷，夏季用清水每天清洗。

③ 坚持用 4% 硫酸铜液或 5% 福尔马林液对牛实施蹄浴。

④ 坚持修蹄，修蹄时应按照技术操作规范进行正确修蹄。

⑤ 对患蹄病牛及时治疗，当蹄变形严重、蹄病发生率达 15% 以上时，应视为群发性问题，分析原因，采取相应措施。

⑥ 注意日粮平衡，满足奶牛对各种营养成分的需要。禁止使用有肢蹄病遗传缺陷的公牛配种。

5. 繁殖管理

① 观察奶牛发情表现，及时配种，每个情期输精 1~2 次，每次间隔时间 10~12 h。

② 配种后 30 d 用直肠检查法做早期妊娠检查，做好记录。

③ 合理安排全年产犊计划，控制炎热月份的产犊头数。

④ 母牛分娩后 20 d，应进行生殖器检查，发现异常及时治疗。产后母牛空怀期不能超过 90 d。

⑤ 严格制定配种计划，选用优良种公牛精液进行配种，必须保证种公牛精液的质量。

⑥ 合理安排牛群结构，产奶牛应占总数 60%~65%，头胎怀孕母牛 10%~11%，1~2 岁母牛 11%~12%，1 岁以下母牛 12%~15%，每年产奶牛更新不少于 15%。

6. 代谢疾病的监控

① 每年应对牛只进行 2~4 次血样抽样检查，主要包括：血细胞

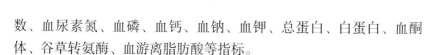

数、血尿素氮、血磷、血钙、血钠、血钾、总蛋白、白蛋白、血酮体、谷草转氨酶、血游离脂肪酸等指标。

② 定期监测酮体

a. 产前 1 周，隔 2~3 d 测尿 pH、酮体 1 次。

b. 产后 1 d，测尿 pH、尿或乳酮体含量，隔 2~3 d 测定 1 次，直到产后 30~35 d。

c. 凡监测尿 pH 值呈酸性、酮体呈阳性反应者，立即采取给饲或注射葡萄糖、碳酸氢钠及其他相应措施进行治疗。

③ 加强临产牛的监护，对高产、年老、体弱及食欲不振的牛只，在产前 1 周至产后 1 周要加强防控。

【应用效果】通过对泌乳牛的饲养、管理、卫生保健等方面规范操作能够有效预防、降低奶牛疾病的发生，保证奶牛的健康状况和产奶性能。

【注意事项】

①产奶牛的饲喂量应随着产奶量、体重及营养状况而变化。同时，要清楚每头奶牛喜食和厌食的饲料。

② 饲料的比例与饲料的种类不要突然变更，否则会引起消化不良和胃肠病。变更饲料时，应当有步骤、有计划地进行。

③ 饲喂奶牛时要做到少给勤添，如果做得适宜，可节约日粮和提高产奶量。

泌乳牛舍

转盘式挤奶厅

④ 加强对疾病的防范意识。

五、干奶期奶牛饲养关键技术

【适用范围】青年牛干奶和经产牛干奶。

【解决问题】奶牛干奶前的准备工作如何开展，如何进行干奶，干奶牛体况如何控制，干奶牛如何分群，干奶牛的营养水平如何调整，干奶牛日常管理要点及注意事项。从而做好干奶牛的管理，提高干奶牛干物质采食量，减少产后奶牛的代谢病，为下一个泌乳期高产高效做好准备。

【技术要领】

干奶牛是指妊娠母牛在产前60d左右采用人为方法停止泌乳的奶牛。其目的是保证妊娠后期胎儿正常生长发育，维持母牛良好体况，恢复瘤胃机能，使乳腺组织得到修复和更新，为下一个泌乳期做准备。

1. 干奶前的准备工作

① 预干奶前1~2个月，作一次体况评分，对不符合标准的瘦牛和肥牛，通过调整日粮结构、调群（如肥牛调至低产群、瘦牛调至高产群）以及增减挤奶次数等措施，以期在干奶时达到理想膘度，使进

入干奶期的母牛，只承担胎儿增重一项任务，而不用承担胎儿增重和母体自身增重的双重任务。

② 正式干奶前，再作一次妊娠检查。确保妊娠才能进行干奶，以防止妊娠后流产空怀牛混入。并仔细核对配种日期、预产日期和预干奶期是否吻合。

③ 干奶前 10d，对预干奶牛作隐性乳房炎的检测，对阳性牛采用无抗的中药治疗，治愈后方可干奶。

④ 在干奶前对牛只进行修蹄，但进入围产期不建议再修蹄，跛行的牛只除外。

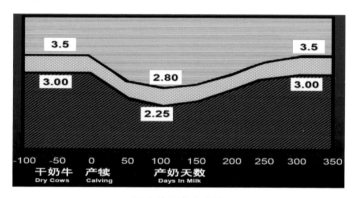

奶牛体况变化曲线

2. 干奶天数

干奶天数一般为 60d，范围是 45~75d。头胎牛、老龄牛可以长一点。如果没有干奶期，下胎产奶量将要下降 25%~30%。少于 45d 和多于 75d 的，下胎产奶量都比正常干奶的减少很多。

青年牛临产前 60d，按干奶牛的营养需要的标准饲喂，如有条件最好与经产干奶牛群分开单独组群饲养。

3. 干奶方法

有逐渐干奶法、快速干奶法和骤然干奶法。前两种烦琐的干奶方法，有经验的奶牛生产组织者早已摒弃。况且在散栏采用 TMR 饲养的牛群中，对将要干奶的个别几头母牛，无法单独控制饮水，无法单

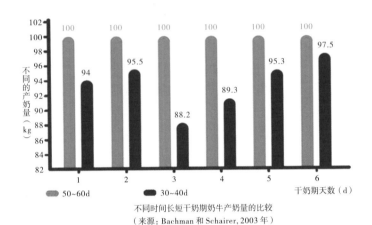

不同时间长短干奶期奶牛产奶量的比较

（来源：Bachman 和 Schairer，2003 年）

不同干奶天数对奶牛产奶量影响的比较

独减少青贮喂量、增加干草和减少精料。因此多采取骤然干奶法。即产奶量在 15kg 以下的奶牛，事前不采取任何措施，停奶当天将奶汁充分挤净后，注入干奶药物，将乳头封闭，然后药浴。并将各区应干奶的牛随即赶入干奶牛群。对日产 15kg 以上的预干奶母牛，提前 10~15d 调入低产群，并改为日挤一次奶。这样很快就会降到 15kg 或以下。为防挤奶员仍将这些牛误挤 2 次 /d。可在飞节处喷些龙胆紫等着色剂，而加以明显区分。

4. 干奶后的观察和药浴

干奶后 7~10d，每天仍两次药浴乳头，还要每天观察一次乳房状态。有的牛干奶后的 2~3d 乳房体积可能比干奶前大，但只要未出现红、肿、热、痛的炎性反应，不必介意。不要轻易乱摸，更不能轻易用挤奶的办法来判断是否乳房感染了。

5. 干奶牛理想膘度

过去一直把体况评分 3.5~3.75 分作为理想膘度。但现在的新理念已降为 3~3.25 分。过肥的牛，难产率和代谢病增加，产后食欲下降，采食量少，掉膘快。

6. 干奶牛分群

干奶牛分区工作分干奶前期与围产前期。主要依据预产期，同时

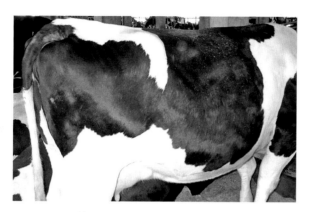

膘情 3.0~3.5 符合干奶期要求牛只

结合乳房发育的情况，特别是育成牛进入围产期。

在泌乳中后期由于调群的不及时，干奶牛中有部分过肥过瘦的牛只，这些牛有必要分群。3.5 分以上集中，3.0 分以下的牛只集中。在实际操作过程中，散放式的会遇到牛舍数量不够或者 TMR 日粮制作不方便问题。可尝试的解决方法：牛舍不够时把牛舍中间隔开，分2~3 个小区，或者到拴系式牛舍饲养。TMR 日粮制作：过肥牛先发部分干奶牛日粮，减少发料比例，然后再人工另发干草；过瘦牛先发干奶牛日粮，不减少发料比例，然后再人工增加适量精料。能单独配制日粮的尽量单独配。拴系模式的牛场集中单独配制日粮。

7. 干奶牛的营养

（1）**干奶期的饲养原则** 进入干奶期的奶牛按体况饲养，经营水平高的牧场因为进入干奶期的牛体况已达标。因此，该阶段除了正常维持需要外，就是供给胎儿生长。主要以粗饲料为主。可以适当喂些价格低廉的麦秸。其营养标准是：干物质采食量（DMI）占体重的 1.8%~2%，每千克日粮干物含泌乳净能 1.25Mcal/kg、粗蛋白质（CP）10%~12%、粗纤维（CF）不少于 20%、精料 3~4kg，精粗比30∶70。

（2）**干奶期日粮配合要因地制宜、灵活运用** 其中一条重要原则就是供给的营养正好能满足胎儿的正常生长发育。使犊牛初生重控制在一胎牛 35~40kg、经产牛 40~45kg 的理想范围。为避免初生重过高，增加难产率和产道损伤、繁殖障碍等疾病，日粮营养不能过量。

（3）注意事项　为减少产后代谢病的发生，干奶期饲养还应特别注意下列两点：一是停喂小苏打和含钙高的苜蓿干草，食盐控制在 28g 以内；二是按营养需要的标准，供给足够量的维生素 A、维生素 E 和微量元素硒（Se）等营养物质。

8.饲料管理

干奶期奶牛营养需求较低，但并不等于饲喂低质量的饲料。干奶牛大量使用粗料，粗饲料占到日粮的 70%~80%。所以干奶牛饲料管理首先是粗料的管理。

（1）不使用霉变的青贮饲料　质量差的青贮不应饲喂干奶牛，否则严重影响干奶牛的免疫系统，并导致流产等问题。青贮窖揭顶时长度不宜过长，视牧场每天使用量而定，最好是 3~5d 揭次顶。取青贮料时顶部如有霉烂的部分要清除干净，使用青贮刮料机保持截面的平整。人工取料时，尽量减少取料截面面积。人工分道发料的，当潮使用的青贮当潮取，不应隔潮提前装好，避免二次发酵损失营养。

（2）长草方面　拴系式牧场或牛舍的干奶牛长草不需要铡短，可直接饲喂。但制作 TMR 时，为了搅拌均匀，应适当的铡短。质量差的长草不要首先想到饲喂给干奶牛，围产期时应使用最好的粗料。

（3）制作 TMR 时　如果使用较多长草时，一定要搅拌均匀，可适当加水。奶牛挑食是天性，往往膘情好的牛只挑食更明显。搅拌均匀可降低奶牛的挑食。

9.干奶牛防暑降温工作

干奶牛由于没有产奶，没有看得见的经济损失，干奶牛的防暑降温很容易被忽视。如果干奶牛的防暑降温工作没有做好，会造成奶牛的干物质采食量下降，进而会对下一个胎次的产奶量造成很大的影响，因此，我们必须做好干奶牛的防暑降温工作。

常规的防暑降温措施有屋顶喷白、遮阳、自然通风、风扇、喷淋。每年4月温度回升时，把牛舍的门、窗等原先关闭的全部开启。5月屋顶喷白，搭建遮阳棚。牛舍温度28℃，干奶牛舍就开启风扇。35℃以上时，开启喷淋，但喷淋时间不宜过长（1个小时），在采食时开启，增加其采食，喷淋时注意控制喷淋时间和间隔时间，不淋湿乳房。牛舍没有喷淋设备的，对热应激严重有中暑症状的干奶牛，采用人工浇水，兽医物理降温等措施。

10．干奶牛日常管理工作

（1）保证清洁干净充足的水源　干奶牛的饮水与泌乳牛同等重要。畜牧需要每天进干奶牛舍检查饮水槽是否缺水或未清洗。

（2）牛群饲养的密度　保持干奶牛舒适环境外，需要控制牛群饲养的密度，不要超过90％。

（3）饲槽管理　及时推料，让牛有料吃，特别是在牛只集中采食时段，如果是TMR制作干奶牛日粮，往往日粮干物质含量高，牛只极容易挑食，多推料和匀料可降低干奶牛挑食。同时每日要及时清理剩料。

（4）干奶牛驱虫　选择低毒、高效驱虫药左旋咪唑肌内注射或一扫光口服以增加抵抗力。

（5）灭蚊灭蝇工作　苍蝇与蚊子能传播疾病，影响牛只健康，并会骚扰牛只，影响休息。保持饲料新鲜，牛舍内牛床、过道等干净、干燥来控制苍蝇和蚊子。同时也可以药物喷洒控制蚊蝇数量。

【应用效果】提高干奶期尤其是干奶前期奶牛的整体管理水平，提升奶牛的干物质采食量，降低奶牛产后代谢病发病率，提高下一个胎次奶牛的产奶量，提升整体养殖效益。

【注意事项】① 注意奶牛干奶前修蹄；② 控制干奶牛体况在3.0~3.5；③ 做好干奶牛舒适度管理；④ 保证干奶牛日粮长度和营养浓度；⑤ 保证干奶牛干物质采食量最大化。

六、围产期奶牛饲养关键技术

【**适用范围**】青年围产牛和经产围产牛。

【**解决问题**】围产牛日粮中能量、蛋白质、纤维等水平如何设置，如何测定围产期奶牛尿液 pH 值，如何做好围产后期奶牛的护理工作。做好围产前期奶牛饲养管理，提升干物质采食量，做好围产后期奶牛护理，减少围产后期奶牛的应激，缓解能量负平衡，快速恢复奶牛干物质采食量，最终提升高峰期奶量，增加泌乳期奶牛产奶量，降低产后代谢病发病，增加整体养殖效益。

【**技术要领**】

围产期分为围产前期和围产后期，围产前期是指产前 21 d 到分娩，围产后期是产后 21 d 内。整个围产期奶牛经历了从干奶、分娩，到泌乳的转变，奶牛的生理发生巨大变化，因此不同阶段的饲养要求也会有差异。

1. 围产前期管理要点

围产前期奶牛饲养的主要目标是促进瘤胃微生物与乳头状突起的生长，使奶牛逐渐由以粗料为主的饲喂模式向高精料日粮模式过渡，激发免疫系统，减少产前和产后代谢疾病。

（1）**能量水平** 由于围产前期奶牛在接近产犊的阶段采食量下降，特别是产前 1 周时间，为了减少因采食量下降而动用体脂及减少与脂肪代谢有关的代谢紊乱的发生，必须保证摄入足够的能量。NCR 推荐围产前期成年母牛与青年母牛日粮浓度为 1.62 Mcal/kg（DM），根据实践建议牧场应根据进入围产期时的体况调整日粮能量浓度，范围在 1.5~1.62 Mcal/kg（DM）。围产前期日粮中的谷物饲料添加量可达到 2.5~3.5 kg，以促进瘤胃细菌与乳头突起的生长。

（2）**蛋白水平** 围产前期奶牛处于妊娠最后阶段，胎儿生长速度快，因此必须保证满足日粮的蛋白质，同时为机体作蛋白贮存用于产后的动员。围产前期日粮粗蛋白质水平从干奶期的 12% 需增加至 14%~16%，并增加瘤胃非降解蛋白（RUP）的含量，达到粗蛋白质的

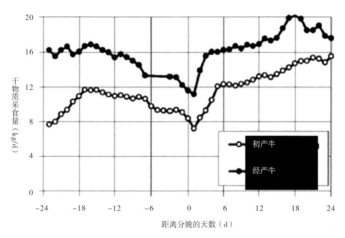

围产期奶牛干物质采食量变化情况

32% 左右，一般发酵工业蛋白饲料、膨化大豆等含有较高的 RUP。提高围产前期日粮蛋白质含量还可以提高泌乳后的乳蛋白产量，降低酮病、胎衣不下的发生率等。

（3）纤维水平　围产前期日粮保证足量的有效纤维十分重要，一般建议 NDF 含量大于 35%。每天可饲喂 3~6 kg 的禾本科干草（根据青贮用量调节），以维持瘤胃的正常功能，促进反刍。

（4）日粮过渡措施　瘤胃微生物从高纤维日粮转变为高淀粉日粮的完全适应含量需 3~4 周的时间，产前日粮纤维含量较高，产后纤维含量下降，精料用量增加，为了使瘤胃在产后尽快适应高能量浓度的日粮，必须在围产前期作日粮过渡工作。一般进入围产前期（分娩前 21 d）可开始逐渐增加精料，可每次增加 0.3~0.5 kg，直至临产前精料饲喂量达到 5.5~6.0 kg，而在 TMR 模式下，牧场应尽量单独配比围产牛日粮，可在围产期根据采食量变化饲喂同 1 个围产牛日粮配方。

（5）添加阴离子盐　为了预防产后低血钙症，以及减少由此引发的一系列代谢紊乱，如干物质采食量降低、胎衣不下、产乳热、真胃移位、酮病等，现在应用最广泛，也是比较简便有效的方法便是添加阴离子盐，使奶牛尿液 pH 值降低到 5.5~6.5，即能达到最佳效果。

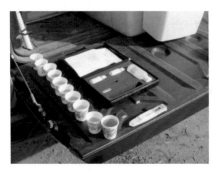

围产期奶牛尿液 pH 测定

在添加阴离子盐 2~3d 后，就可以对尿液 pH 值进行测定。测定方法是：早晨饲喂后 0.5h 内采集尿样，如果牛群数量大，采集 10% 的奶牛尿液，如果牛群数量不大，建议全部采集，采集的尿液用 pH 计测试 pH 值。

（6）饲料中增加镁磷含量　低血镁和低血磷也常常造成围产期奶牛乳热的发生。围产前期给奶牛饲喂含镁量为 0.35%~0.40% 的日粮可以防止产后血镁浓度的降低，每头奶牛每天饲喂 40~50g 磷，可满足磷的需要量。

（7）严禁饲喂缓冲剂，并控制食盐喂量　因为钠与钾是强致碱性阳离子，一方面会提高粗粮阴阳离子平衡值，容易引起低血钙，另一方面也会大大增加产后乳房水肿的发病率。

2. 围产后期奶牛饲养管理要点

围产后期奶牛经历产犊，采食还没有完全恢复即开始泌乳，动用体况而处于能量负平衡状态，如果围产期奶牛饲养工作未能跟进，则围产前期的饲养不能发挥有效作用，将面临患各种疾病的高风险，产量也难以达到预期目的。

（1）围产后期母牛生理状况　随着奶牛从怀孕末期进入泌乳早期，血浆胰岛素水平下降，生长激素水平升高，而分娩时 2 种激素水平都会发生急剧波动。血浆中甲状腺素浓度在妊娠末期逐渐提高，分娩时下降约 50%，然后又开始上升；血浆中雌激素水平，主要是胎盘分泌的雌酮，在妊娠末期会有所升高，但分娩后会立即下降。妊娠末期内分泌状态的改变和干物质采食量的减少均会影响奶牛的代谢，从而导致动用体内脂肪，形成能量负平衡。

（2）**围产后期奶牛饲养管理**　围产后期奶牛的管理目标是：提高牛只干物质采食量，增加产奶量；维持和增强瘤胃功能，提高免疫力；注重产后监控，尽可能减低各种代谢疾病发病率；缓解能量负平衡等。

①　分群工作。围产后期奶牛处于营养、生理、代谢等诸多方面的应激，需要调节自身葡萄糖代谢、脂肪酸代谢和矿物质代谢以适应泌乳的需要，会出现疾病易感、消化功能弱、应激反应的现象，因此分娩后的牛只一定要进行单独分群，便于日粮合理过渡、营养调控和产后监控。一般建议分群时间是从分娩到产后3周。

②　日粮过渡。一般来说，奶牛在围产后期日粮变化很大，由围产前期的高精料型向围产后期的高精料过渡，瘤胃微生物和瘤胃乳头生长需要2周左右的时间来适应，且围产后期牛食欲下降，因此需要特别提供适口性好、营养浓度高的优质日粮；随着产后食欲的恢复、采食量的增加、产奶量的上升，根据营养需要逐步增加饲喂量，充分利用最优质的粗饲料，饲喂足够量的纤维来保证瘤胃的正常功能。

③　产后监控。产犊期间奶牛免疫力下降，易感疾病，单独分群便于产后观察，监控等。围产后期牛（新产牛）的产后监控应包括：

a. 观察牛只采食情况，是否出现抢食或挑食现象。

b. 注意观察子宫分泌物颜色、气味。

c. 记录每天牛只体温，观察牛只是否存在感染或是患有子宫炎。

d. 观察牛只反刍情况，反映粗饲料用量是否满足。

e. 粪便观察：粪便稀薄，有气泡，或含有肠道脱落组织，有可能出现酸中毒；有大块饲草颗粒或未消化的谷物颗粒，有可能是消化不良。

f. 肢蹄观察：是否跛行、蹄叉炎，是否在蹄部存在明显的横线，检查是否可能存在亚临床酸中毒现象等。

g. 检查尿液和乳液中的酮体水平（使用酮病检测试纸条是否有酮病）。

④ 综合管理。围产牛处于各种应激的集中阶段，免疫力低下，因此牛群管理和牛舍管理要求更高，需要从各个管理环节加强，尽可能避免任何对奶牛能造成应激的因素。

a. 牛群调整：干奶牛和后备牛一旦进入围产期就需及时调整牛群进行集中，这是围产牛饲养管理的最基础工作，实际操作中可以根据体况适当延长或缩短进入围产期的天数，如体况大于 3.7 分的干奶牛可以延迟 5d 进入围产期。如果是拴系式牧场，大部分的牧场是安排进入产房，需在料牌上标记清楚预产时间，便于调整饲料过渡时间，如果是散放牧场，则进入独立的围产牛区域。

群内竞争是奶牛的本能行为，因此，需创造各种条件减少群内竞争，如将后备围产牛和经产围产牛分开，根据牛群密度尽量降低调群的周期。

b. 牛舍舒适度：围产牛舍提供最高的舒适度，首先控制牛床区域的密度在 80% 左右，实际可根据牧场的饲养密度灵活调整，控制好调群时间，尽量降低围产牛区域的密度。围产牛舍必须保证垫料的重组，每天及时添加，每日牛床消毒。

c. 清洁饮水：饮水是奶牛的最基本需要，因此必须提供充足的饮水。特别是在夏季，注意水槽的数量是否足够，每天是否清洗水槽。

d. 饲料管理：围产牛处于免疫抑制状态，TMR 日粮需保证新鲜。必须使用最优质的粗饲料，杜绝饲喂质量低下的粗饲料，特别是霉变的饲料，会引起流产、免疫力下降而引发的各种疾病。

围产期奶牛管理好坏直接影响奶牛普通病发病率和牧场经济效益。这是牧场管理中很重要的一个环节，因此这个阶段要从饲养管理密切关注、细节执行到位，才能保证奶牛顺利从干奶过渡到泌乳高峰，实现高产目标。

【应用效果】做好围产前期奶牛日粮管理，提高干物质采食量，同时做好围产后期奶牛护理，减少应激，缓解能量负平衡，最终增加高峰期奶量和泌乳期产奶量，降低产后瘫等产后代谢病发病，提升整体养殖效益。

【注意事项】① 使用阴离子盐必须做好尿液 pH 测定，同时增加日粮中钙的浓度；② 做好围产后期奶牛的护理和产后灌服；③ 减少产后奶牛的转圈次数，减少奶牛应激；④ 围产后期奶牛饲喂最优质粗饲料，缓解产后能量负平衡。

七、新产牛产后饲养关键技术

【使用范围】产后 21d 以内的新产牛群。

【解决问题】安全度过新产期，恢复新产牛干物质采食量，避免体况下降太快，降低新产牛疾病的发病率，尽快达到产奶高峰。

【技术要领】

1. 产犊

① 新产牛产犊的地点应该在产房或有运动场的围产牛舍。② 产房要干净、干燥，通风良好，有充足、干净的饮水和干燥的垫料。③ 接产人员要尽量让牛自己分娩，避免人员频繁走动骚扰产犊母牛，给予母牛足够的时间和空间。④ 母牛产犊后半小时内与犊牛分开，先给犊牛喂 4L 初乳（2h 后再喂 2L）。⑤ 经产新产牛产后灌服新产牛灌服液和补钙，头胎新产牛可以根据母牛的状态有选择性的灌服和补

新产牛产犊房和运动场

新产牛灌服　　　　　　　　新产牛采食长草

钙。⑥ 产房要给予充足的饮水和新产牛日粮等待挤初乳。⑦ 饲槽有充足的新鲜饲料供采食，同时给少量的优质长草。⑧ 挤完初乳后观察新产牛状态，如果新产牛精神状态良好，采食和反刍正常，将新产牛转入新产牛舍。反之留在产房观察或治疗。

2. 新产群

① 产后 21d 以内的牛群为新产牛群。② 给予新产牛距离挤奶厅最近的牛舍，减少新产牛长距离走动。③ 根据牧场及产犊情况尽量将头胎新产牛和经产新产牛要分群饲养。④ 充足、干净的饮水，垫料干净、松软。⑤ 新产牛舍每天清粪三次，卧床垫料每天深翻两次。⑥ 新产牛舍饲养密度为牛舍卧床数的 85% 为宜。头胎新产牛和经产

卧床补充垫料　　　　　　　卧床垫料深翻

自由采食小苏达和矿物质盐　　　　　奶厅通道的橡胶垫

新产牛混养空间要更大一些。⑦ 自由采食盐和小苏打。

3. 新产牛日粮

① 给予新产牛群最优质的、消化率高的纤维饲料。尽可能提高新产牛群干物质采食量。② 选择优质的蛋白原料。③ 日粮配方设计要兼顾头胎新产牛和经产新产牛的干物质采食量。④ 新产牛日粮粗蛋白质水平和纤维水平比泌乳牛稍高一些；能量和 NFC 稍低。让新产牛安全地过渡到高产日粮。⑤ 提供足够的钙、磷、镁、钾等矿物质元素和维生素。⑥ 使用一定比例的有机微量元素。⑦ 添加一些功能性添加剂：活酵母或酵母培养物等。⑧ 要定期检测各种原料的营养成分。

优质苜蓿干草　　　　　　　　　优质全株玉米青贮

4. TMR 饲槽管理

① 每天上午第一班次的饲喂量大于全天饲喂量的 55%，夏季

天气炎热可以根据实际采食情况调整饲喂时间和饲喂量。② 新产牛 TMR 日粮的干物质含量控制在 50%（48%~52%）。③ 要每天检测青贮的干物质含量，根据青贮水分变化调整日粮。④ 新产牛去挤奶过程中要及时清理粪便、清除剩料。同时将新鲜的新产牛日粮及时饲喂，保证新产牛从奶厅回来后有足够的新鲜饲料。⑤ 推料要及时，新产牛挤奶完毕从奶厅回到新产牛舍要推一次料，以后至少 2h 要推一次料。一是保证新产牛随时可以吃到料；二是可以刺激新产牛食欲，促进采食。⑥ 新产牛剩料率可以多一点，控制在 5%~10%。

保证饲料的及时饲喂

供给足够的新鲜饲料

及时推料

及时清粪

5. 日粮使用效果评价

① 每天观察牛群采食状态，特别是从奶厅回到牛舍的 1h。

② 在新产牛投料后尽快采取 TMR 日粮样品做颗粒度分析（用饲

料分级筛）。新鲜日粮的评估和剩料评估，不但要注意每一层的比例还要关注连续几天的整齐度（表 2-25）。

TMR 颗粒度分析

饲料分析筛

表 2-25 新产牛 TMR 分级筛分析

	3月1日	3月2日	3月3日	3月4日	3月5日	3月6日	3月7日	3月8日	3月9日	3月10日	平均	剩料	标准
第一层	9.1%	8.5%	8.5%	7.8%	7.0%	9.8%	9.7%	8.0%	8.9%	9.9%	8.7%	9.3%	8%~10%
第二层	40.5%	35.8%	37.6%	38.5%	38.0%	36.5%	37.6%	37.6%	38.7%	35.8%	37.7%	38.5%	35%~45%
第三层	31.6%	35.6%	33.4%	34.8%	36.1%	33.0%	34.2%	34.3%	32.4%	35.8%	34.1%	35.9%	35%~45%
第四层	18.8%	20.2%	20.5%	18.9%	19.0%	20.7%	18.5%	20.1%	20.0%	18.5%	19.5%	16.3%	≤ 20%

③ 每天对新产牛 TMR 日粮进行粗水分测定，要求 TMR 水分控制在 48%~52%。

TMR 水分感官鉴定

简式水份测定设备—考斯特炉

④ 日粮变异系数的检测，用来衡量 TMR 日粮的稳定性。

⑤ 新产牛卧床上床率和反刍率监控。

奶牛舒适度—卧床率

⑥每天关注新产牛群干物质采食量变化和产奶量变化，要详细记录。

⑦每天跟踪新产牛粪便变化，对粪便进行分析。

⑧关注新产牛体况变化，要求新产牛群体况接近围产期体况。

泌乳牛粪便评分

6.产后保健

① 新产牛转入新产群后，每天要对 10d 以内的新产牛进行跟踪，精神状态是否正常、体温有没有变化。② 对难产牛、胎衣不下牛、酮病牛等要特别关注，做好标记。③ 经产新产牛产后 5~10d 抽测血液中 BHBA 水平。标准是 <1.2mmol/L。

新产牛产后标记

【应用效果】恢复新产牛干物质采食量，避免新产牛体况下降过快，降低新产牛产后发病率和淘汰率，使泌乳牛尽早达到产奶高峰。

【注意事项】

① 关注围产期牛和新产牛干物质采食量变化。

② 选用优质的、消化率高饲料原料，尤其是粗饲料。

③ 新产牛群密度要适宜，牛舍干净、通风良好。垫料要干净、干燥。

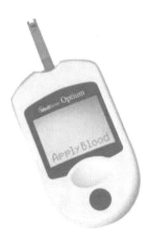

血酮检测仪

④ 要做好产后保健，发现病牛要及时给予治疗，特别是产犊时出现问题的牛只。

第四节　疫病防控

一、奶牛场消毒关键技术

【适用范围】奶牛养殖生产全过程。

【解决问题】由于各地区奶牛场中养殖环境的不同，病原菌的分布各有差异，规模化养殖场消毒防疫压力相对较大。好的消毒措施可以快速杀灭生产环境中的病原微生物以净化环境，降低牛群发病率；切断传播途径，防止外部传染病进入奶牛场，保障牛群健康，避免疫病引起的重大经济损失。

【技术要领】

1. 奶牛场常用消毒剂

（1）氢氧化钠（火碱、烧碱）　强碱性，具有很强的腐蚀性，对细菌、病毒、寄生虫虫卵都具有杀灭作用，对皮肤能够腐蚀灼伤，使用时需做好相应的防护。

（2）氧化钙　即生石灰，其本身不具有消毒作用，使用时与水混合配制成 10%~20% 的石灰乳，里面的氢氧化钙解离出强氧根离子，对多数细菌有较强的杀灭作用。

（3）过氧乙酸　该消毒液分为 A、B 两种，使用前进行充分混合，反应 10h 后方可使用，有强烈刺激性臭气，具有挥发性，遇金属易分解。应盛于塑料瓶/桶内，低温、避光密封保存，环境消毒溶液配制比例为 1∶400。

（4）高锰酸钾　具强氧化性，一般使用 0.1% 水溶液，进行临产牛体表、后躯的清洗。

（5）碘酸溶液　成分主要为碘、碘化钾、硫酸、磷酸。

（6）**新洁尔灭** 配制成 0.1%~0.2% 溶液浸泡器械、清洗产后牛后驱，以及牛舍消毒。

（7）**戊二醛** 本品能杀灭细菌繁殖体、真菌、芽孢。具有广谱、高效、低毒、使用安全、腐蚀性小、稳定性好等特点。

（8）**碘伏** 由碘和表面活性剂络合而成，可对奶牛挤奶前后的乳头进行药浴。

2. 消毒设施的建立

（1）**入场消毒池** 标准为长 × 宽 × 深（6m × 3m × 0.3m）。

消毒池

（2）**消毒更衣室** 设置紫外线照射灯，或喷雾消毒设备。

（3）**消毒车及消毒机（高压消毒枪）** 消毒车针对场区及牛舍进行喷雾消毒，消毒机用来对进场的原料运输车辆及其他车辆进行消毒。

更衣间喷雾消毒设备　　　　　　消毒车

（4）**高压蒸汽灭菌锅** 对兽医器具等进行消毒。

3. 具体操作

（1）**入场车辆消毒** 原料运输车辆来自全国各地，疾病传播风险高，按下列要求操作。

① 保持车辆消毒池清洁干净。

② 加入清水使水位高度为 15~20cm。

③ 准确测量消毒池内的水量，按比例加入火碱或者其他消毒液。

④ 进入场区的原料运输车辆经消毒池缓慢驶入，同时用高压消毒枪对车体周围进行全方位喷雾消毒后才能进入。

⑤ 根据进出场区车辆的多少，每天早上对消毒池进行补水并添加消毒液，每周 2 次对消毒池进行彻底清理更换。

⑥ 夏季应用消毒池，北方冬季用背负式喷雾器进行喷雾消毒，重点是轮胎。

（2）人员消毒 本场工作人员进入生产区时，要更换工作服。外来人员进入场区要更换场区工服或防护服，穿戴一次性鞋套和帽子，在消毒更衣室的消毒通道经 30s 喷雾消毒后方可进入。

喷雾消毒

（3）牛舍/犊牛岛消毒

① 日常消毒。用消毒车对牛舍每周进行一次消毒，包括牛舍和运动场及牛舍周围。有疫病流行期间每天进行消毒，流程为：选择一种消毒药→根据使用说明、消毒溶液需要量进行相应浓度溶液配制→环境场所消毒→整理消毒剩下的包装（药品包装袋和盛放空瓶）→清洗消毒设备→将消毒车停放到规定区域（高压消毒机摆放整齐）。

② 犊牛岛消毒。在每一批哺乳犊牛断奶从犊牛岛转走后，对犊牛岛

　　　运动场喷雾消毒　　　　　　病牛区彻底消毒　　　　　　　犊牛岛消毒

内外表面进行彻底刷洗后，进行消毒晾晒，准备下一批犊牛使用。

　　③ 开放式牛舍消毒。带运动场的开放式牛舍，对运动场的牛粪定期清理后，使用旋耕机进行翻耕疏松，使运动场地表干燥，然后进行全面消毒。

　　④ 产房和产后牛舍消毒。由于有大牛胎衣及排泄物的存在，易于病原微生物的滋生，由产房工作人员每天早晨 8 点和下午 4 点对产栏及产后牛只保定栏周围进行两次消毒。

　　背负式喷雾消毒　　　　　　　接产区消毒　　　　　　　产房运动场消毒

（4）牛只和器具消毒

　　① 乳头药浴消毒。为保证奶牛乳房健康，产出低体细胞的高品质牛奶是奶牛场的最终目的，最直接有效的方法就是在挤奶前和挤奶后对奶牛乳头进行药浴消毒。

　　挤奶工在每头牛之间的挤奶过程都要对手臂进行消毒，将手臂进行浸泡消毒，弃去头三把奶，降低奶牛之间乳房炎的交叉感染风险。可用 0.5% 的碘液进行前药浴（带有一定含量的表面活性剂，降低奶牛乳头上污垢的表面张力，使污垢更容易擦掉），挤奶后用0.75%~1%的碘液进行消毒（含有润肤剂，可在乳头表面形成一层保护膜）。

乳头药浴　　　　　　　　饱满的乳头药浴　　　　　　　手臂消毒

② 器具消毒。接产器具消毒。常用的产科绳、产科链、助产器械使用前需浸泡在0.1%的新洁尔灭溶液中进行消毒后使用。使用后先用清水进行冲洗，将污物清理干净后再浸泡消毒，最后进行保存。犊牛饲喂用具的清洗消毒。先用40℃温水将奶盆和奶壶中剩余的牛奶洗净→75℃热碱水清洗消毒→用洗洁精进行清洗→清水洗净→奶盆倒置摆放进行干燥。注射器针头消毒。注射用过的针头先用清水洗干净，连同清洗后的注射器一并高压灭菌30 min或煮沸消毒45 min，

产科绳消毒　　　　　　　饲喂奶盆清洗　　　　　　　注射针头煮沸

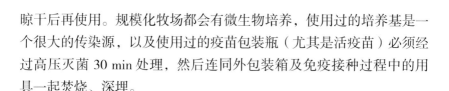

晾干后再使用。规模化牧场都会有微生物培养，使用过的培养基是一个很大的传染源，以及使用过的疫苗包装瓶（尤其是活疫苗）必须经过高压灭菌 30 min 处理，然后连同外包装箱及免疫接种过程中的用具一起焚烧、深埋。

【应用效果】

① 降低疾病在牛群中的传播风险，保证牛群健康。

② 降低牛群发病率，降低经济损失。

【注意事项】

① 细菌、病毒对药物会产生耐药性，对消毒剂也能产生耐药性，牧场使用过程中应同时具备至少 3 种以上不同类型的消毒药交替使用。

② 预防空气传染性疾病时，要根据所选消毒药的杀灭细菌、病毒所用时间，喷出的雾化水珠在空中停留时间，不能用眼观看设备、奶牛体表是否有消毒液判定消毒效果好坏。

③ 日常消毒与发生疫情后消毒同样重要。

④ 保证消毒药物放置于合适的储存环境。

⑤ 消毒溶液现配现用。

二、奶牛隐性乳房炎监测与综合防治技术

【适用范围】适用于规模奶牛场隐性乳房炎的长期监测与综合防控。

【解决的技术问题】为奶牛场提供隐性乳房炎快速检测、长期监测、规范用药和综合防控配套技术。

【技术要领】

1. 隐性乳房炎快速诊断

（1）试剂 可选用兰州隐性乳房炎诊断液（LMT）、加州隐性乳房炎诊断液（CMT）或乳汁导电性检测法等。

（2）操作步骤（以 LMT 为例）

① 现配现用，应严格按产品说明书使用。

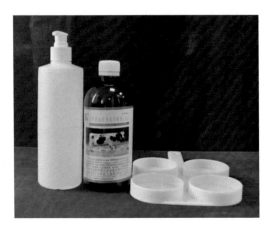

兰州隐性乳房炎诊断液（LMT）

② 稀释液配置：LMT 原液加入配液瓶中，与下方标示刻度（125 mL）相齐，然后加蒸馏水至上方标示刻度（500 mL），摇匀。

③ 采样：待检乳区弃去头 2~3 把奶，检测盘把手向牛头方向水平放置于乳房下方，分别对应 4 个乳区，将乳样挤在乳区对应的检测杯内。

④ 将检测盘倾斜（约 60°），弃去多余乳汁，杯内约留乳样 2 mL。

⑤ 每个检测杯内分别加入 LMT 稀释液 2 mL。

⑥ 做水平同心圆摇动，摇动 10~30 s，使乳样与 LMT 充分混合。

⑦ 判定标准（表 2-26）。

表 2-26　LMT 检测结果判断标准

诊断结果	体细胞数范围（万 /mL）	乳样与诊断液的混合反应
阴性（-）	0 ~ 20	混合物呈液状，移动流畅，倾斜诊断盘时，底部无沉淀
可疑（±）	15 ~ 50	混合物呈液状，倾斜诊断盘时，底部可见微量沉淀物，继续摇动即刻消失
弱阳性（+）	40 ~ 150	混合物中有少量稀薄黏性呈淀物，但不成胶状，倾斜诊断盘时，沉淀散布于底部，有一定黏附性

（续表）

诊断结果	体细胞数范围（万/mL）	乳样与诊断液的混合反应
阳性（++）	80~500	混合物中的沉淀物多较、比较黏稠，并有少量胶状物，旋转摇动时，有聚中倾向，倾斜诊断盘时，沉淀物黏附于底部，难以流动
强阳性（+++）	350以上	混合物中的沉淀物大部分或全部形成明显胶状凝集物，旋转摇动时，聚中呈团，倾斜诊断盘时，几乎完全黏附于底部难以流动

2. 隐性乳房炎病因分析

① 牛场饲养环境实际调查和对畜主的询问。

② 大罐奶体细胞（SCC）监测。

③ 大罐奶细菌分析。

④ 隐性乳房炎病牛乳区体细胞抽样检测。

⑤ 隐性乳房炎病牛患区乳样细菌检测与鉴定。

⑥ 根据上述检测结果，综合分析，判定病因。

3. 隐性乳房炎的防控策略

根据病因判定结果，制定不同的防控策略。

（1）环境性隐性乳房炎 改善环境卫生管理，主要包括牛床环境、牛床垫料、运动场环境、饮水槽、挤奶设备、挤奶厅卫生等，对每个环节进行排查整改。

① 牛床整修改造，对建造时缺乏科学设计的牛床应进行整修改造，有利于牛床的干燥、干净。比如，牛床过长、牛床无坡度易造成积水、牛床短造成乳房挤压等问题。

② 垫料的厚度，建议牛床垫料厚度不小于10 cm。

③ 加强垫料管理，使用木屑、锯末、秸秆作垫料的奶牛场，须加强垫料水分控制，垫料勤换。降低微生物滋生和牛群感染机会。

④ 使用回收牛粪作垫料的奶牛场，建议对牛粪进行合理发酵，发酵时间过短的牛粪仍有病原菌滋生；充分烘干牛粪；缩短使用时间。

⑤ 牛床定期彻底大消毒，保持牛床干燥、清洁。

⑥ 及时清理运动场粪便，定期平整运动场，减少牛粪淤泥的区域，定期消毒。

⑦ 饮水槽要勤清洗、常消毒。

（2）传染性隐性乳房炎

① 消灭传染源措施。及时隔离隐性乳房炎阳性牛。对隐性乳房炎阳性检出牛群所在场所、污染的用具和物品，特别是挤奶设备进行清洗和严格消毒。加强隔离区的消毒工作。对隐性乳房炎阳性检出频率高、乳汁表现异常、产奶量低的牛只，及时淘汰。

② 切断传播途径措施。切断阳性牛将病原传播到健康牛的途径。切断使用污染用具将病原传播到健康牛的途径。切断人为因素（挤奶工、兽医、牛场相关人员的不规范操作）将病原传播到健康牛的途径。切断蚊、蝇将病原传播到健康牛的途径。

③ 易感牛群保护措施。保护易感群体最有效的方法就是进行科学分群。新产牛群转入大群前用LMT检测，隐性乳房炎阳性牛隔离到感染牛群及时处置，隐性乳房炎阴性牛转入健康牛群。挤奶要按照科学的顺序，先挤健康牛群，再挤隐性乳房炎阳性牛，然后对挤奶设备、管道和挤奶厅及时彻底消毒。临床型乳房炎病牛严禁上大群挤奶台。

4. 隐性乳房炎阳性牛群处置规范

（1）分群与隔离 严格执行隐性乳房炎阳性牛群防控策略与规范。

（2）药物控制 使用商品化、可降低体细胞的保健品或中兽药产品。

（3）牛奶处置 严格执行休药期和弃奶规定。

（4）消毒 使用抑菌效果确切的药浴液；使用病原杀灭效果确实的消毒剂。

（5）持续监测 对隐性乳房炎阳性牛用药后进行多次监测，体细胞连续3d检测正常且乳汁中无致病菌，可转入大群。对隐性乳房炎阳性检出频率高、乳汁表现异常、产奶量低的牛只，及时淘汰。

5. 隐性乳房炎的群防群控措施

（1）执行科学规范的挤奶操作程序 挤奶操作程序建议采用

"两次药浴，纸巾干擦"。

① 挤奶前检查：挤奶前先观察或触摸乳房外表是否有红、肿、热、痛症状或创伤。

② 乳头预药浴：选用专用的乳头药浴液，对乳头进行预药浴，药液作用时间应保持在 20~30 s（注：乳房污染严重时，可先用含消毒剂的温水清洗干净，再药浴乳头）。药浴后用一次性纸巾擦干乳头、乳头末端和基部，要求每头牛至少 1 张。

③ 挤头 2~3 把奶：把头 2~3 把奶挤到专用容器中，检查牛奶是

否有凝块、絮状物或呈水样，牛奶正常的牛方可上机挤奶；异常的，应及时报告兽医进行治疗，单独挤奶，严禁将异常奶混入正常牛奶中。注意挤乳手法，不能满把抓，挤乳方法参考下图。

正确的挤乳方法

④ 上机挤奶：上述工作结束后，及时套上挤奶杯组（套杯过程中尽量避免空气进入杯组中），奶牛从进入挤奶厅到套上奶杯的时间应控制在 90 s 内。挤奶过程中观察真空稳定情况和挤奶杯组奶流情况，适当调整挤奶杯组的位置。排乳接近结束，先关闭真空泵，再移走挤奶杯组。严禁下压挤奶机，避免过度挤奶。要反冲乳头杯和机械手，挤奶设备的套管的要定期更换。乳流量一般在 15~30 s 内达到高峰，乳汁在 4 min 内全部留完。

⑤ 挤奶后药浴：挤奶结束后，应迅速进行乳头药浴，停留时间为 3~5 s。

（2）定期监测

① 大罐奶定期监测：体细胞数（SCC）每天检测 1 次，细菌每月检测 1 次。

② 隐性乳房炎全群持续定期监测：主推技术 LMT 检测 2 周筛查

1 次，DHI 检测技术每月检测 1 次。

（3）干奶期预防

① 干奶期预防是牛群乳房炎防控关键环节。干奶方式选择快速干奶法或间歇性干奶法。

② 干奶前 3d 必须进行隐性乳房炎检测，阴性牛乳房灌注干奶药并封闭，阳性牛必须治疗转阴后再行乳房关灌注干奶药并封闭。

③ 停奶后 10d 内乳房无红、肿、热、痛者转入干奶牛群。

④ 停奶后 10d 内乳房有红、肿、热、痛者，继续治疗，症状消失后连续观察 3d 无症状者，转入干奶牛群，并做详细记录。

⑤ 严禁带病干奶。

【应用效果】提升奶牛场乳房炎防控技术水平，降低隐性乳房炎阳性检出率，控制抗生素用量，改善牛场养殖环境，改善乳品质，降低经济损失，提高生产效益。

【注意事项】隐性乳房炎防控是一个系统性保健体系，每个环节须严格按规范实施，否则会严重影响防控效果。

三、乳房炎综合防控技术

【适用范围】奶牛干乳期及泌乳期乳房炎的防治。

【解决问题】奶牛乳房炎是乳房受到物理、化学、微生物等致病因子刺激所发生的一种炎性变化。乳房炎的分类方法较多，有以病原、病理、病程、部位以及临床症状分的，有以乳汁体细胞数、乳房和乳汁有无肉眼可见变化分的。现临床上较为适用的分法为：非临床型或亚临床型乳房炎、临床型乳房炎、慢性乳房炎；临床型乳房炎根据炎症性质还可分为：浆液性炎、卡他性炎、纤维蛋白性炎、化脓性炎、出血性炎。该病在临床发病率高，常伴有混合感染，给奶牛生产造成巨大损失，同时也给公共安全和食品安全带来巨大隐患。例如，我国部分地区乳房炎的发病率高达 61.4%，每年造成的经济损失超过 250 亿元。

据对北京区域若干奶牛牧场连续 3 年乳房炎菌群监测显示（表 2–27），奶牛乳房炎主要是由金黄色葡萄球菌、大肠杆菌和链球菌等感染所致。针对这些细菌感染，最佳的治疗方案是采用抗生素治疗。

表 2–27　奶牛乳房炎流行病学监测数据分析（2013—2015 年）

	2015 年		2014 年		2013 年	
1	金黄色葡萄球菌	24.4%	金黄色葡萄球菌	32.6%	金黄色葡萄球菌	20.2%
2	表皮葡萄球菌	15.4%	无乳链球菌	15.7%	大肠杆菌	18.1%
3	大肠杆菌	13.4%	大肠杆菌	11.6%	表皮葡萄球菌	16.6%
4	乳房链球菌	10.4%	芽孢杆菌	9.7%	芽孢杆菌	14.6%
5	芽孢杆菌	9%	乳房链球菌	8.4%	乳房链球菌	11.8%

由于新药开发过程中的各项试验，如：毒理试验、药代动力学试验、残留试验、安全性试验和临床药效试验，需大量靶动物和实验动物来完成，因而导致奶牛用抗菌药物的开发成本远高于猪、鸡用药。此外，一直以来，国内的科研机构和企业对牛病用药的研发力度不够，使得奶牛用药品种少，且药物剂型及给药途径简单，一般以注射剂为主。注射剂主要用于奶牛疾病的急性感染期，此时奶牛已伴有全身症状。但奶牛乳房炎隐性型占 70%，如果预防用药，效果会更好。目前，国内缺少奶牛局部预防和治疗用药。随着社会对牛奶质量的关注度越来越高，国家对牛奶中抗生素残留限量要求越来越严格，迫切需要高效、低残留的奶牛乳房炎防治药物。

【技术要领】

1. 干乳期奶牛乳房炎用新药：盐酸头孢噻呋乳房注入剂（干乳期）

盐酸头孢噻呋（ceftiofur hydrochloride）又名塞得福，是 Bernard Labeeuw 等于 1984 年合成的第三代头孢类抗菌素。法玛西亚 – 普强公司（Pharmacia & Upjohn）将其转化为钠盐冻干粉和盐酸盐混悬液，并正式确定其商品名分别为 Naxcel® 及 Excenel®。

盐酸头孢噻呋以其优良的抗菌活性及体内过程，在兽医临床中前景广阔。盐酸头孢噻呋能有效治疗牛呼吸道感染、瘤蹄炎、乳房炎、子宫炎；猪、羊、马的呼吸道感染、肺炎；鸡、仔猪由于细菌感染而引起的早期死亡；犬的泌尿道感染等疾病。1988 年该药的钠盐被美国药品与食品管理局（FDA）批准用于牛呼吸道细菌性疾病，首次上市。而后，由于该药优良的抗菌活性和药物代谢动力学特点，被美国、加拿大、日本及欧洲一些国家陆续批准用于肉牛、奶牛、马、猪、羊及禽类，为兽医专用抗生素。国内已有厂家注册生产盐酸头孢噻呋原料，但是尚未开发盐酸头孢噻呋乳房注入剂（干乳期）；在国外，仅有美国辉瑞－法玛西亚普强公司生产盐酸头孢噻呋乳房注入剂（干乳期），但未在中国注册。

　　本实验室将盐酸头孢噻呋与缓释剂、助悬剂等制成无菌、长效的用于奶牛干乳期乳房炎预防用的盐酸头孢噻呋乳房注入剂（干乳期）产品，配方工艺国内外独创，获国家发明专利（ZL 201310665166.O），2015 年获得国家新兽药证书【（2015）新兽药证字 40 号】。该产品的研制，填补国内空白，成本仅为国外同类产品的 1/3，具有非常广阔的推广前景。

盐酸头孢噻呋乳房注入剂（干乳期）

2. 干乳期奶牛乳房炎用新药：硫酸头孢喹肟乳房注入剂（干乳期）

　　硫酸头孢喹肟，为第四代动物专用头孢菌素类抗生素。20 世纪 80 年代由德国 Hoechst 公司开发，1994 年在欧洲上市，用于牛乳房炎、呼吸系统疾病，1999 年又被批准用于猪，2005 年又被批准用于马。国外目前上市的产品有 Cephaguard® 和 Cobactan®。Cephaguard® 是由头孢喹肟硫酸盐制成的 2.5% 的硫酸头孢喹肟混悬液，主要用于牛、猪的巴氏杆菌、嗜血菌病、胸膜肺炎放线杆菌病、链球菌病等引起的急性乳房炎、子宫炎、腐蹄病、蹄叶炎及猪的呼吸道疾病和犊牛败血症等。Cobactan® 为 7.5% 的硫酸头孢喹肟注射液，主要用于奶牛乳房炎的治疗。

目前，Intervet 公司的注射液 Cobactan® 2.5% 已经在国内注册，但是由于价格昂贵，在国内推广使用较少。法国有硫酸头孢喹肟乳房注入剂（干乳期），商品名克百特，但尚未在中国注册。我国尚没有自己生产的硫酸头孢喹肟乳房注入剂（干乳期）。

本实验室将硫酸头孢喹肟与缓释剂、助悬剂等制成无菌、长效的混悬液，制备工艺为国内外首创，获国家发明专利（ZL 201510315976.2）。本产品成本低于国外同类产品，已通过农业部评审，获国家新兽药证书【（2015）新兽药证字 62 号】。

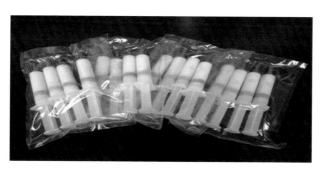

硫酸头孢喹肟乳房注入剂（干乳期）

3. 泌乳期乳房炎用新药：硫酸头孢喹肟乳房注入剂（泌乳期）

硫酸头孢喹肟为第四代头孢菌素类动物专用抗生素，具有高效、低毒、低残留的特点，能治疗由金黄色葡萄球菌、停乳链球菌和乳房链球菌引起的泌乳期奶牛临床型乳房炎。

因此，根据泌乳期奶牛乳房炎防治特点，我们开发了硫酸头孢喹肟乳房注入剂（泌乳期）产品，制备工艺为国内外首创，获得国家发

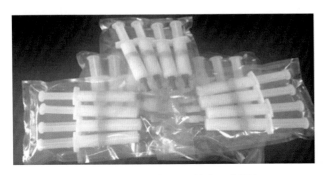

硫酸头孢喹肟乳房注入剂（泌乳期）

明专利（ZL 201310664982.X）。目前，产品已通过农业部评审，并获得国家新兽药证书【（2014）新兽药证字 53 号】，极大填补了国内空白，为奶牛泌乳期乳房炎防治提供了有效的治疗手段。

【应用效果】

盐酸头孢噻呋乳房注入剂（干乳期）产品用于奶牛干乳期乳房炎，采用乳管注入：干乳期奶牛，在最后一次挤奶后，每个乳室注入本品 1 支，弃奶期为 0d。硫酸头孢喹肟乳房注入剂（干乳期）用于奶牛干乳期乳房炎，采用乳管注入：干乳期奶牛，在最后一次挤奶后，每个乳室注入本品 1 支，弃奶期为 0d。硫酸头孢喹肟乳房注入剂（泌乳期），采用乳管注入：泌乳期奶牛，挤奶后每个乳室 1 支，每日 2 次（间隔 12h），连用 3 次，弃奶期为 96h。

目前，已经在北京昌平、延庆、密云、大兴、房山等区县、天津蓟县、河北保定、山东青岛、黑龙江农垦等省市地区进行新技术、新产品推广，近三年免费发放基层奶牛场盐酸头孢噻呋乳房注入剂（干乳期）、硫酸头孢喹肟乳房注入剂（干乳期）、硫酸头孢喹肟乳房注入剂（泌乳期）等新兽药产品达 10 万余支，奶牛乳房炎发病率降低 8%，奶牛乳房炎治愈率达 85%，作用效果显著，得到广大农户的认可和好评。

【注意事项】

1. 盐酸头孢噻呋乳房注入剂（干乳期）

用于奶牛干乳期乳房炎，禁用于泌乳期奶牛。对 β - 内酰胺抗生

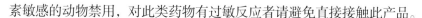

素敏感的动物禁用，对此类药物有过敏反应者请避免直接接触此产品。

2. 硫酸头孢喹肟乳房注入剂（干乳期）

用于奶牛干乳期乳房炎，禁用于泌乳期奶牛。

3. 硫酸头孢喹肟乳房注入剂（泌乳期）

用于奶牛泌乳期乳房炎，弃奶期为96h。

四、奶牛蹄病防治技术

【适用范围】奶牛场的泌乳牛群。

【解决问题】奶牛场肢蹄保健规程建立不完善，操作不合理，蹄病发病率高；以降低奶牛蹄病发病率，提高奶牛采食量，提高产量，增加经济效益。

【技术要领】

1. 蹄病发病规律

跛行是奶牛场除乳房炎、繁殖疾病之外的第三大疾病，跛行发病中有90%的病例是蹄部发病，蹄病中有90%是发生在牛的后蹄，而后蹄的患病部位90%是分布在后蹄的外侧趾上。

2. 蹄病的发病原因

（1）营养方面 ① 饲料中精料比例过高，瘤胃内环境发生改变造成瘤胃酸中毒，最终引发蹄叶炎。② 饲料中矿物质钙、磷比例不当，代谢紊乱，出现骨质疏松，而导致蹄病。③ 霉变饲料中的毒素使奶牛发生过敏也可引发蹄病。

（2）牛舍环境 ① 牛舍地面清理不及时，粪污堆积。② 牛舍地面质量差，石子裸露，不平整。

（3）管理问题 ① 没有严格的蹄浴消毒流程。② 不能按时完成牛群预防性修蹄任务。③ 卧床管理差，牛只站立时间过长。

3. 蹄病的影响

① 蹄病是奶牛场损失最大的疾病之一，因蹄病导致大量奶牛被直接或间接淘汰。

② 蹄病病牛空怀期增加 28d。

③ 据测算，每年每 100 头蹄病牛带来 9000 美元经济损失。

4. 肢蹄保健

蹄是奶牛重要的支撑和运动器官，通过肢蹄运动可以充分发挥心脏供血功能和消化机能，促进血液循环和胃肠运动，使奶牛的优良性能得以充分发挥。肢蹄保健包括蹄浴与修蹄两方面。

（1）蹄浴

① 蹄浴设备的选择。根据牛场的规模和奶厅的设计，选择适合的浴蹄设备。一般选用不锈钢水槽 2 个（300cm×80cm×20cm），一个清水槽子，另一个添加蹄浴液。

蹄浴设备

② 蹄浴液的选择。甲醛：价格低廉，浴蹄效果良好，具有挥发性，有一定的刺激性，使用浓度为 5%。硫酸铜：无挥发性，无气味，不仅可以杀灭多种奶牛蹄部附着的微生物，还可以增强牛蹄蹄壳硬度，使用浓度为 5%。复方戊二醛：杀灭细菌繁殖体、真菌、芽孢，具有广谱、高效、低毒、使用安全、腐蚀性小、稳定性好的特点，对蹄疣病有很好的预防作用，稀释比例为 1∶150。

③ 蹄浴步骤及注意事项。每个牧场必须拥有至少两种蹄浴液，进行交替使用以达到理想的浴蹄效果。正常牛群蹄浴为每周两次：周一使用甲醛，周四时将药浴液更换为硫酸铜。如有传染性蹄病出现，则增加蹄浴次数为每周三次：周一使用甲醛蹄浴，周三仍继续使用甲

醛，周六时将药浴液更换为硫酸铜。每一次药浴液最多可供500头牛进行浴蹄，浴蹄牛头数超过500头后要把浴蹄池清理干净，重新更换浓度为5%的药浴液，存放清水的池子/水槽同时进行更换。操作人员必须保证挤完奶的牛只及时通过蹄浴通道，避免牛群拥挤。冬季为防止结冰，可在蹄浴池中加入适量食盐。

（2）修蹄

① 修蹄车的选择。奶牛场所用修蹄车分为立式全液压修蹄车和卧式翻转型修蹄车。立式修蹄车工作效率高，牛只应激小，可用做全群保健型修蹄，安装在奶厅附近；翻转式修蹄车便于蹄病检查与治疗，安装在病牛区。

全自动立式修蹄车　　　　翻转式修蹄车

② 调牛。把需要修蹄的牛只从牛舍或赶牛通道调出赶至修蹄区。

③ 准备。把常用的修蹄工具有序的摆放到工作台上，打磨修蹄刀，电动角磨机等。

④ 赶牛。将患有蹄病或保健修蹄的牛赶入修蹄车，期间禁止打牛、大声吆喝，确定跛行肢蹄。

⑤ 保定。将需要修蹄的牛只赶入修蹄车后进行保定，保证人员和牛只的安全。腹带保定。牛只赶入修蹄架之后进行保定工作，期间需要注意后面的腹带勿伤及乳房、乳头。肢蹄保定。对于翻转式修蹄车，腹带保定完后翻转修蹄车到30°~45°，使用保定绳先将上面的两个肢蹄保定后再进行下面的两个肢蹄保定。而对于全液压式修提

将牛赶进修蹄车

腹带保定

蹄车进行翻转

牛蹄保定

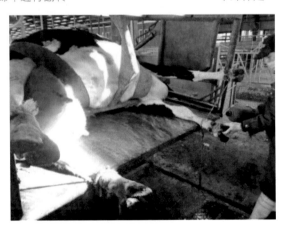
清洗蹄部

车，在提升修蹄车后保定牛蹄，无先后顺序。

⑥ 保健修蹄。先用清水刷洗干净牛蹄上面的粪便及污物，再进行正常修整。首先观察牛蹄形状，蹄底平整情况，蹄子大小，然后确定如何修蹄。

修蹄底。先修蹄底前 1/3 处（也就是蹄尖附近），然后慢慢向后 1/3 处修，这样可以有效减少修蹄失误导致奶牛着地重心后移。谨记，蹄底修蹄时候如果蹄底本来比较平整，那么就无须再将蹄底打薄，否则会导致牛蹄出血或者跛行。

修蹄尖。确定牛蹄长度，牛蹄长度的确定主要有以下几种方法：一是牛蹄变形程度很小，此时从蹄尖附近修到蹄底内外蹄白线交界处即可；二是如果牛蹄变形很严重，这时候修蹄蹄子尽量保留长一些，不要修蹄过度，此时可以弯腰从蹄壁看牛蹄长度，如果过长可以适当修短，处理蹄尖，使两蹄瓣背侧保持在同一水平面上。

修蹄弓。如果用角磨机最好先修外侧蹄的蹄弓，这样可以有效避免角磨机修破指尖隙后侧。弯腰处理蹄尖，看看牛蹄大小是否一致，趾间隙是否需要再处理。

最后上下左右检查修蹄情况，对于修理不到位的继续进行修蹄直到修理到位为止。并放牛观察走路是否正常。

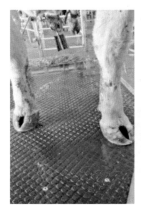
修蹄前

蹄形观察

去除蹄底角质

修蹄尖 　　　　　　　修蹄弓 　　　　　　　修蹄后效果

⑦ 放牛。从修蹄翻转架上把牛放下的过程。放牛时候先放保定肢蹄下方的肢蹄，后放上方肢蹄。注意：牛蹄夹到修蹄翻转架和地面之间易造成夹伤甚至导致骨折。

⑧ 还牛。每次修完蹄第一时间进行还牛，保证牛只的采食、休息，保健修蹄牛只还回原舍，避免出现混群情况。

⑨ 打扫环境区域卫生，修蹄刀具维护，包括清洗，打磨。

⑩ 将修蹄牛只信息填写纸质记录并录入牧场管理系统。

5. 常见的蹄病治疗

（1）指间皮炎（蹄叉炎）

症状：指（趾）间炎性渗出，肿胀，疼痛。

治疗：首先把病牛赶上蹄台检查，然后用水或0.1%新洁尔灭消毒液清洗干净整个蹄子，同时清除蹄叉内坏死组织及化脓物。再用5%碘酊消毒蹄叉，脱脂棉和松榴油20g，土霉素2g敷在蹄叉内，用纱布绷带包扎好。每隔3d更换一次药，到治愈为止。

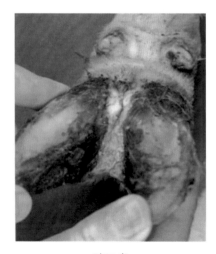

蹄叉炎

（2）指（趾）间蜂窝织炎

症状：指（趾）皮下急性弥漫性化脓性炎症，热痛明显，跛行明显，常伴有关节活动受限，并常常形成化脓性瘘管。

治疗：用青霉素钠 400 万 U、0.5％盐酸普鲁卡因 30~40mL，于肿胀部的稍上方分 3~4 个点肌内注射，每天一次，连用 3~5d。全身用头孢噻呋钠 2 g，溶于 0.9％氯化钠 500mL 中，静脉注射，每天一次，连用 3~5d。

局部处理：用剪蹄钳压蹄底，检查蹄底有无明显疼痛点，凡有明显痛点处且蹄底角质变软变色者，应修蹄。先用 5％碘酊消毒蹄底，用消毒的挖蹄刀对蹄底角质变色软化处挖削，当到达蹄真皮时，可排出恶臭化脓性渗出物，用双氧水冲洗→生理盐水冲洗→青霉素粉→松馏油绷带包扎。当系部有化脓灶或瘘管者，应当冲洗→除去坏死组织及浓汁→魏氏流膏纱布条填塞在脓腔内，2d 换一次药。

（3）指（趾）间皮肤增殖

症状：在两指（趾）间隙形成舌状突起，不断增大增厚，在两指（趾）间向两蹄踵间延伸，表面受地面的摩擦破溃感染，严重的引起跛行。

治疗：对小的增殖物，可用高锰酸钾粉腐蚀，大的增殖物先用 5％碘酊消

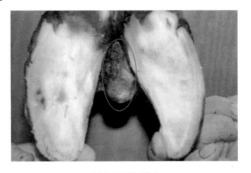

趾间舌状增生

毒，然后用消毒的手术刀切除掉，创面撒布土霉素粉 / 消炎净后绷带包扎。每隔 3d 更换一次药，到治愈为止。

（4）蹄底化脓

症状：蹄底角质层局部糜烂并波及蹄真皮，病蹄不敢负重，跛行呈中度到重度的肢跛。运步时以蹄尖轻轻负重或不敢负重为状态。

治疗：0.1%新洁尔灭或0.1%高锰酸钾清洗与消毒蹄部，以及5%碘酊消毒蹄底。挖开蹄底角质充分排除蹄底真皮部的炎性渗出物，用双氧水冲洗蹄底真皮感染部，并用生理盐水再次冲洗。脱脂棉和松榴油20g，土霉素2g敷在蹄叉内，用纱布绷带包扎，隔3d更换一次药。

蹄底挖开后流出白色浓汁

（5）疣状皮炎

症状：在两蹄球间长出白色的长毛，局部皮肤炎性渗出，然后在两蹄球间长出似草莓样增生物，局部感染渗出物呈煤焦油色，恶臭。最后两蹄球萎缩，蹄变形、蹄尖部直立呈重度跛行。

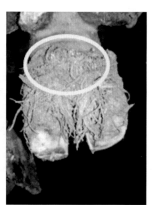

疣状增生　　　　　　大的疣性增生物　　　　　坏死的疣性增生

治疗：先用0.1%高锰酸钾水清洗蹄球部，再用5%碘酊消毒蹄球部，用消毒的蹄刀或手术刀切除蹄球部增生物，再用5%碘酊消毒创面，创面撒布消炎净/土霉素外敷松馏油脱脂棉进行包扎，3~4d进行一次换药处理。蹄浴：如牛群发病高，增加蹄浴次数。

切除增生物　　　　　外敷药物　　　　　　包扎

（6）蹄底挫伤 / 刺伤

症状：牛蹄底角质过度磨损，蹄底角质变薄；或牛蹄长期浸泡在粪尿中，蹄底角质变软的情况下，牛在运动中因地面不平，误踏在地面石子或硬的突出物体上，而导致蹄底真皮发生挫伤。引起蹄底真皮的渗出与淤血而出现中度到重度的跛行。

治疗：对已发生蹄底挫伤 / 刺伤的牛进行局部清洗、消毒、包扎后，配合肌内注射氟尼辛葡甲胺 20mL/ 次，连用 3 次。

蹄叉被铁钉刺伤

【应用效果】降低蹄病发病率，提高疾病治愈率，提高产量，增加牧场经济效益。

【注意事项】

① 制订合理的蹄浴计划。

② 保证每年 2 次的保健性修蹄。

③定时监控奶牛蹄部健康，及时调整肢蹄保健方案。

五、布鲁氏菌病防控关键技术

【适用范围】奶牛种畜场、养殖场和养殖小区。

【解决问题】布鲁氏菌病认识不到位。预防与控制奶牛布鲁氏菌病不科学。奶牛布鲁氏菌病诊断不准确。疫苗选择及使用不正确。集成布鲁氏菌病在诊断、检疫与隔离、淘汰与免疫、控制与净化等综合防控技术，进行奶牛布鲁氏菌病的防控与净化，具有重要的现实经济和公共卫生意义。

虎红平板凝集试验

CELISA 试剂盒

【技术要领】

1. 奶牛布鲁氏菌病的临床诊断

牛布鲁氏菌病病原通常为流产或牛种布鲁氏菌（B.abortus）、也有马耳他或羊种布鲁氏菌（B.melitensis）、偶尔或很少为猪种布鲁氏菌（B.suis），其中奶牛是该菌最易感的动物之一。表现为怀孕母牛发生流产，公牛有睾丸炎、附睾炎；老疫区流产的较少，但发生子宫内膜炎、乳房炎、关节炎、胎衣滞留、久配不孕的较多。针对奶牛布鲁氏菌病的流行特点、临床症状和病理变化，在临床上对该病作出初步诊断。

2. 奶牛布鲁氏菌病的血清学检测

血清学检测包括虎红平板凝集试验（RBPT）、试管凝集试验（SAT）、间接 ELISA（iELISA）和竞争 ELISA 试验（cELISA）。其中，

RBPT 和 iELISA 用于初筛，SAT 和 cELISA 用于确诊。详细操作依据说明书进行。

3.奶牛布鲁氏菌病的病原学检测

（1）PCR 快速检测　已有种属的所有布鲁氏菌中都存在OMP2 基因，且相对保守并在基因组中含有重复序列，故作为PCR 检测诊断的靶基因可显著提高敏感性。利用设计的上游引物（TGGAGGTCAGAAATGAAC）和下游引物（GAGTGCGAAACGAGCGC）对布鲁氏菌属细菌进行 PCR 扩增，可得到 282bp 的特异性片段，从而实现对布鲁氏菌病的快速诊断。

（2）Bass-PCR 鉴别诊断　国内牛种疫苗株 A19 缺失 eri 基因，故通过 Bass-PCR 可将疫苗株 A19 与布鲁氏菌野毒株加以区分。可以通过分离培养布鲁氏菌或者提取病料中布鲁氏菌的 DNA 进行 PCR扩增。

表 2-28　pcr 反应引物序列

Primer	Nucleotide sequence 5'to 3'
IS711 specific	TGC-CGA-TCA-CTT-AAG-GGC-CTT-CAT-TGC-CAG
abortus specific	GAC-GAA-CGG-AAT-TTT-TCC-AAT-CCC
16S-universal-F	GTG-CCA-GCA-GCC-GCC-GTA-ATA-C
16S-universal-R	TGG-TGT-GAC-GGG-CGG-TGT-GTA-CAA-G
ery-F	GCG-CCG-CGA-AGA-ACT-TAT-CAA
ery-R	CGC-CAT-GTT-AGC-GGC-GGT-GA
RB51-3	GCC-AAC-CAA-CCC-AAA-TGC-TCA-CAA

操作方法：Premix Taq 12.5 μL。引物混合液 2.5 μL，模板 DNA 2μL，ddH$_2$O 8 μL。设阳性、阴性和空白对照。用布鲁氏菌的标准菌株的模板 DNA 作阳性对照，用大肠杆菌的标准菌株的模板 DNA 作阴性对照，用水作空白对照。循环条件：95℃预变性 5 min，95℃变性 15 s，52℃退火 30 s，72℃延伸 90 s，40 个循环；4℃保存。PCR 扩增产物经琼脂糖电泳，凝胶成像分析系统检测并记录结果。

结果判定：阴性对照只有在 800 bp 处有条带；阳性对照在 800 bp、500 bp 和 180 bp 处都有条带。被检样品在 800 bp、500 bp 和 180 bp

处出现条带时，判为牛布鲁氏菌（生物型 1、2、4）和其疫苗株（除 S19 疫苗株）；在 800 bp、500 bp、300 bp 和 180 bp 都出现条带时，判为牛布鲁氏菌疫苗株 RB51；只在 800 bp 和 500 bp 出现条带时，判为牛布鲁氏菌 S19 疫苗株；在 800 bp 和 180bp 出现条带时，判为除牛布鲁氏菌和其疫苗株外的其他种布鲁氏菌。被检样品只在 800bp 出现条带时，判为布鲁氏菌 PCR 阴性。

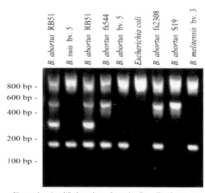

不同菌株 pcr 扩增产物对比

4. 奶牛布鲁氏菌病监测与净化

（1）布病阳性率较低的奶牛场 依据国家控制动物布病的规定要求进行净化。① 布病净化牛群，每年进行 1 次监测，及时扑杀并作无害化处理阳性牛。② 布病稳定控制（阳性率 0.2% 以下）和控制牛群（阳性率 0.2%~1%），每年进行 2 次监测，及时扑杀并作无害化处理阳性牛。

（2）布病污染和免疫接种的奶牛场 实施免疫、监测、隔离、淘汰布病牛、培育健康犊牛，做好消毒、无害化处理和生物安全防护。

① 免疫预防。用 A19 疫苗以 600 亿 ~ 800 亿 / 头的免疫剂量对 3~8 月龄犊牛进行皮下注射；如果 7~14 月龄育成牛免疫，皮下注射，剂量应为犊牛的

扑杀布鲁氏菌阳性牛

1/10。产奶牛、妊娠奶牛、采精或交配的种公牛禁止接种疫苗。

②监测净化。免疫接种 6 个月后，定期用 RBPT、SAT、iELISA 和 cELISA 监测以及布鲁氏菌病原学检测，隔离和淘汰布病阳性牛。

③培育健康犊牛。新生犊牛隔离饲养，饲喂健康牛乳或替代乳饲料，并定期检测，淘汰阳性犊牛。

【应用效果】提高布鲁氏菌病的预防与控制水平，降低布病的发病率，降低奶牛的流产 / 不孕 / 不育率，从而达到提高了饲养水平，达到增产增效的目的。

【注意事项】① 把好引种关。② 加强检疫与隔离。③ 做好监测与淘汰。④ 注意转运牛的布病检测。⑤ 饲养管理与卫生消毒。

六、酮病防治技术

【适用范围】围产期奶牛

【解决问题】酮病是常见病、群发病，发病率高，奶牛体质变弱，奶品质下降，影响繁殖性能。以降低酮病发病率，提高产奶量，提高乳品质，减少奶牛场的经济损失。

【技术要领】

1. 酮病的概念

奶牛酮病 (ketosis)，又称为乳牛酮血症，是奶牛产犊后几天至几周内由于体内碳水化合物和挥发性脂肪酸代谢紊乱所引起的一种全身性功能失调的代谢性疾病，尤其是产奶量较高的奶牛患病的概率较大。

2. 酮病发生机理

β-羟丁酸是生物体内合成酮体的主要物质，它能够在生物体内进行循环运输。一旦奶牛饲料中糖类缺乏，瘤胃里发酵产生的丙酸浓度降低，β-羟丁酸就会被当作糖分的先体物质进行分解，影响了奶牛体内的血糖浓度，使得奶牛无法得到能量，导致细胞和组织的新陈代谢受到极大的影响，对碳水化合物的摄入量也会不足。此时生物体会自动将脂肪转化成为糖苷，此时就会造成草酰乙酸被大量用于合成糖类化合物，使得乙酰辅酶 A（Co A）物质无法参与到三羧酸循环（TCA）过程中，全部进入了酮体的合成过程，因而使得酮体的浓度不断升高。

3. 发病症状

（1）**消化型**　多发于分娩后的两周内。病牛精神倦怠，不愿运动，食欲下降，饮水量减少，反刍减少，厌食精料和青贮，仅采食少量干草。病牛体重下降，腹围收缩，明显消瘦，产奶量明显下降且乳汁中脂肪含量增高，从形态上乳汁容易形成泡沫，呼出的气体、尿液和乳汁中有烂苹果的气味（丙酮味），病情开始加重时停止泌乳。奶牛患病初期便秘，粪便外附黏液呈球状，随后多排出恶臭的稀粪或软粪，再之后腹泻导致机体迅速消瘦，如不及时治疗，奶牛产奶量很难恢复到正常水平。

（2）**神经型**　患神经型酮病的奶牛主要表现为急性发病，除有不同程度的消化型主要症状外，还有听觉过敏，病牛突然出现咬牙、狂躁、兴奋、吼叫，而且走路横冲直撞，视力下降，意识也出现障碍，全身肌肉组织处于震颤状态，四肢交叉，站立不稳，眼球震荡，转圈运动，口角流出泡沫样的唾液等神经症状，甚至有时啃咬自己的皮肤。兴奋过程一般持续 1~2d 后转入抑制期，反应迟钝，精神高度

沉郁

咬牙

吼叫

沉郁，患病严重的奶牛甚至卧地不起，呈现昏迷乃至死亡。此类型酮病通常较少见。

（3）瘫痪型

主要表现为泌乳量急剧下降，食欲减退，消瘦，肌肉无力，并不时发生持续性痉挛，对外界刺激比较敏感，站立困难，只能卧地且头弯曲放在肩处，呈昏睡状。

4. 诊断方法

（1）血酮检测仪 酮病确诊除了观察奶牛的临床表现，还要对奶牛血液中酮体含量进行检测，有些牧场采用血酮体检测仪进行检测（使用配套的专用真空采血针具采用尾部和颈部采集 2 mL 血液，滴在血酮试条上一滴血，30 s 内显示结果）。若酮体大于 1.4mmol/L，再结合

血酮检测仪

奶牛的临床表现，即可确诊。血酮仪检测法主要通过检测血液 β-羟丁酸含量诊断酮病，酮体大于 2.0mmol/L 为急性牛只，1.2 ~ 1.4 mmol/L 属于隐性酮病。该法具有灵敏度高，样品需要量少，而

且操作简便，且结果显示快，但价格昂贵，可用于疑似牛的确诊性检测。

（2）**酮粉法检测** 取0.1g已配好的酮粉放到载玻片上，加新鲜乳汁1~2滴，观察颜色反应并判断。如果呈现土褐色，则表示为阴性反应；如果呈现紫色，则表示为阳性反应。根据颜色深浅估算酮体的含量，颜色越深表示含量越高（表2-29）。但酮粉检测方法的灵敏度较低，适合大型牧场泌乳初期奶牛酮病的群体检测。

表2-29 酮体法检测酮体结果判定标准

颜色变化	判定结果
30 s内有紫色迹象，并逐渐加深	++++
30 s开始显微紫色，60 s后呈现紫色	+++
60 s开始先淡紫色，2 min后程较深紫色	++
3 min后轻度紫色	+
3 min后有微紫色迹象，5 min后仍无明显改变	±

注："+"表示阳性，不同数量的"+"表示含量不同，"+"越多表示酮体含量越高。"±"表示可疑

5.治疗方法

（1）**补糖疗法** 静脉注射50%葡萄糖注射液1000 mL，每天3~4次，对大多数母牛有明显效果，但须重复注射，否则可能复发。复发的原因是由于高糖血症迅速消失，或由于剂量不足而乳糖又从奶中丧失。丙酸钠110~225 g，分2次加水内投，丙二醇或甘油加水投服，每天2次，每次300 g，用2天，随后每天200 g，用2天，灌服或饲喂，效果很好。对隐性酮病牛只使用丙二醇300mL灌服+布他磷类药物注射30 mL，连续3天，每天1次。

（2）**激素疗法** 肌内注射100~150 IU的胰岛素，可以增加肝糖元的贮备。对于体质较好的病牛，可肌内注射200万~600万 IU的促肾上腺皮质激素（ACTH）。应用糖皮质激素（剂量相当于1g氢化可的松肌内注射），注射后8~10h血糖即可恢复正常，且食欲有很好的改善，血液中酮体水平在3~5 d内恢复正常。尽管应用初期产奶量下降，但治疗2~3 d后迅速升高，治疗酮病效果良好。

（3）**镇静疗法** 有神经症状的适当使用镇静剂，如安溴、辅酶A

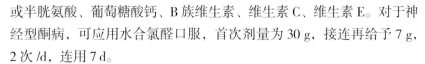

或半胱氨酸、葡萄糖酸钙、B 族维生素、维生素 C、维生素 E。对于神经型酮病，可应用水合氯醛口服，首次剂量为 30 g，接连再给予 7 g，2 次/d，连用 7 d。

（4）**其他疗法** 缓解酸中毒用 5% 碳酸氢钠 500~1000 mL 静脉注射，最好结合血浆二氧化碳结合力测定使用，效果会更好。为了增强前胃消化机能、增进食欲，可以静脉注射促反刍液：10% 氯化钠溶液 500 mL、10% 葡萄糖酸钙 100~150 mL、维生素 B_1 30 mL，1 次肌内注射。

6. 预防措施

（1）**加强奶牛饲养管理，饲喂营养全价日粮** 根据奶牛各生产阶段，及时调整蛋白质饲料、脂肪饲料的给量，防止喂量过多，特别是泌乳阶段后期，产量下降，避免过肥，应限制或降低高能量饲料的进食量，增加干草喂量。碳水化合物以磨碎的玉米为好，减少发酵中产生过多的嗳气。同时，不宜频繁地更换饲料配方，要严格控制日粮中有毒重金属元素的含量，以减轻对机体的损伤和提高抗毒能力。此外，饲料中注意碘、钴、磷等矿物质的补充。

（2）**干奶期饲养管理** 干奶期科学地控制奶牛的营养投入，保持体况，能量供应以满足其需要即可。妊娠后期和产犊以后的母牛，应适当控制能量饲料的供应。日常饲养管理中，做好对干奶牛的体况评分，其体况评分不应超过 3.5 分，并结合体况调整日粮。

（3）**加强卫生监督，注意酮病监测** 注意饲养环境卫生，制定符合卫生标准要求的消毒制度和消毒程序，制定和完善各种饲料卫生标准，禁止随意进出牛场，勤消毒灭源，增加对饲料卫生指标的监督检验次数。总之，规范饲养管理的同时，既要重视对酮病患牛的综合治疗，又不能忽视采取有效措施预防酮病的发生。坚持酮病的监测，加大定期检查力度和范围。群体检测在产前 2 周至产后 60 天内抽检 12 头牛/月，若 12 头中阳性牛超过 2 头以上，则需注意检查日粮配方是否需要调整，阳性牛应及早采取措施治疗。力争缩短病程，降低医疗费用，减少经济损失。

【应用效果】提高产奶量，提高乳品质，降低酮病发病率，减少奶牛场的经济损失。

【注意事项】① 奶牛产后应分群饲养；② 时刻观察围产期奶牛的精神状态；③ 加强饲养管理，及时调整日粮配方；④ 加强卫生监督，注意酮病监测。

七、瘤胃酸中毒防治技术

【适用范围】泌乳期奶牛

【解决问题】TMR 日粮精粗配比不科学，饲喂不规范，辅助饲料成分应用不规范、牧场蹄病高发，产奶量低下以改善奶牛生产性能，降低饲养成本，提高经济效益。

【技术要领】

1. 认清瘤胃酸中毒

奶牛瘤胃酸中毒是指当饲喂奶牛过量易发酵的碳水化合物后，瘤胃微生物迅速将碳水化合物分解发酵，产生过量的酸性物质，造成瘤胃 pH 值下降、机体酸碱平衡紊乱，从而导致营养代谢病。酸中毒分为急性酸中毒（ASA）和亚急性酸中毒（SARA）两种，两者发生的原因、机理和结果都截然不同。ASA 死亡率极高，其特征表现为机体脱水、共济失调、无反刍行为，严重的还会造成毒血症，甚至衰竭死亡。SARA 主要表现为采食量、产奶量下降，精神不振，反刍行为减弱，间歇性腹泻等，因症状不明显，因而常常被人们忽视，若瘤胃 pH 值长期处于 5.0~5.5，还导致蹄叶发炎、皱胃功能减弱及继发性脑灰质软化症和肝脓肿等疾病。

2. 瘤胃酸中毒的诊断

（1）测定瘤胃 pH 值　通过检测瘤胃液 pH 值可以诊断瘤胃酸中毒。可采用瘤胃穿刺抽取瘤胃液进行测定，也可以采用插胃管后应用电动吸引器负压吸取瘤胃液进行测定，但是操作较烦琐。正常情况下，奶牛瘤胃液 pH 值为 6.0~7.2。当瘤胃液 pH 值低于 5.5 即发生瘤胃酸中毒；在 5.0~5.5 发生亚临床型酸中毒；低于 5.0 即发生急性酸中毒；pH 值在 5.5~5.8 时，整个牛群处于临界状态。瘤胃内 pH 值不是恒定不变的，而是随着食物摄入和消化阶段上下波动，若个体瘤胃液 pH 值差异较大，则必须进行瘤胃酸中毒的诊断。

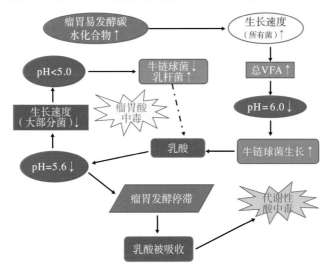

瘤胃酸中毒发生简图

（2）观察乳脂率和乳蛋白率　参加 DHI，乳脂率偏低，乳蛋白率正常，说明可能出现瘤胃酸中毒。乳脂含量降低常被牧场用来作为牛群亚临床瘤胃酸中毒的指标之一。乳脂率应该至少每周测定一次。需要注意的是，在日粮内添加脂肪也会降低瘤胃 pH 值，从而对乳脂含量产生影响。产犊后母牛发生瘤胃酸中毒的主要原因是间隔时间太短就喂过多精料，或饲喂过量快速发酵的能量饲料。在舍饲条件下，如果牛群中 20% 以上的奶牛乳蛋白率与乳脂率相等或比后者高许多，则说明日粮中含有太多的非纤维性碳水化合物（NFC），或者是饲草长度不够，也可能兼具此二因。NFC 过多，易引起瘤胃 pH 值升高，饲草长度不够将影响奶牛反刍、反刍时产生的唾液可中和瘤胃 pH 值，反刍不正常时，唾液分泌量减少，易导致瘤胃 pH 值升高。

（3）观察粪便　粪便是评定奶牛瘤胃功能、饲料消化和吸收好坏的重要依据。粪便的结构和黏稠度与反刍、瘤胃菌群活动和瘤胃排空速率有关。当奶牛患亚临床瘤胃酸中毒时，粪便结构松软，色泽微亮黄色，并伴有糖醋味，表现出充盈气体的泡沫状，比正常情况含有更多的未消化纤维或谷物。因为瘤胃壁乳突发育不足，纤维物质不能有效地滞留在瘤胃内，使患牛粪便内纤维颗粒直径达到 1~2cm（正常的小于 0.5cm）。Nord lund 等报道，一些高发牛场的粪便内包含有大量未消化饲料颗粒，出现间歇性腹泻，未消化颗粒的存在表明饲料消化不充分和瘤胃通过速率较快。应用粪便分离筛可以分析粪便情况，其原理是对奶牛粪便采样并清洗分离后，观测不同层次的剩余饲料量，对饲料吸收情况进行分析。据报道，正常牛群的上层筛比例为 10% 以下（高产牛可允许在 20% 以下），中层筛比例在 20% 以下（高产牛允许在 30% 以下），下层筛在 50% 以上，仔细分析就能根据其物理检测结果反映出奶牛肠胃的健康状况。正常情况下，健康、高产奶牛的粪便看起来像挤成一团的奶油。瘤胃酸中毒患牛的粪便有的看起来比较干硬，有的会变稀，有的黏稠，有的表面有光泽，含有气泡。

（4）观察牛群的反刍情况　平时应注意观察正常牛群在采食过后出现的正常反刍行为，以此作参照，如果观察发现有一定比例的牛反刍次数和时间减少，就要考虑是否有亚临床瘤胃酸中毒的可能性。有报道称，牛群的反刍比例对早期诊断有参考价值。

3. 瘤胃酸中毒的治疗

治疗原则：迅速排除瘤胃内积存的食物，以制止产酸，缓减酸中毒；复容抗酸，补充体液，缓解脱水，中和瘤胃和机体中的酸性物质；恢复胃肠功能；对症治疗。

（1）制止乳酸的产生和吸收　对轻症病牛，首先进行导胃，并用澄清的石灰水（生石灰与水 1∶5 比例混合后的上清液）洗胃，直至瘤胃没有酸臭味而呈弱碱性为止（一般用量 10000 mL）；重症病牛，首先要纠正体液 pH 值，补充血容量，待微循环改善和病情缓解后再进行洗胃。洗胃后导入健康牛的瘤胃液 5000 mL，恢复正常的菌群。

（2）纠正体液　0.9% 生理盐水 2 000 mL + 5% $NaHCO_3$ 1000~

2 000 mL，5% 糖盐水 1 000 mL + VC 50 mL，静脉注射，连用 3 d，注射时速度宜慢不宜快。

（3）促进血液循环 常用 5% 葡萄糖氯化钠注射液 1500 mL、生理盐水 1000 mL、樟脑黄酸钠、维生素 B_1 针剂 0.2~1.0 g（促进机体的代谢）静脉注射。静滴过程中随时监听心脏，当达到所需量时，牛的心脏会有所改善，精神好转。

（4）防止继发感染 静注抗生素，如庆大霉素 100 万 IU，或四环素 200 万 ~250 万 IU，2 次 /d，连用 3 d；当病牛兴奋不安或甩头时，静注山梨醇或甘露醇以降低颅内压和解除休克，250~300 mL/ 次，1 次 /d，连用 3 d。

（5）对粪中有血的病牛 可肌内注射 1.25~2.5 g 止血敏。当奶牛兴奋不安，甩头蹬腿时，可用甘露醇 500~1000 mL，分两次静脉注射，可降低颅内压。对于呼吸困难的奶牛，应补氧平喘，静注 3% 的双氧水 200 mL、氨茶碱 10 mL、25% 葡萄糖 2000 mL。

4. 瘤胃酸中毒的预防

（1）科学制作 TMR 规模牧场尽量采用全混合日粮（TMR）饲喂技术。加工制作 TMR 时，所有饲料原料要混合均匀，按特定的营养浓度配比，保持 45%~50% 的水分，维持足够的有效纤维量，日粮中中性洗涤纤维（NDF）大于 28%，一般青贮料的适宜长度为 2~3 cm。使用宾州筛检测 TMR 的颗粒度，各阶段奶牛 TMR 正常值见表 2-30。利用评价结果来检查 TMR 搅拌设备运转是否正常，搅拌时间、上料顺序等操作是否科学等，从而制定正确的 TMR 调制程序。

表 2-30　不同牛群 TMR 饲料颗粒评价标准

项目	筛孔直径（mm）	泌乳牛（%）	干奶牛（%）	后备牛（%）
上层	19	8~12	25~45	30~50
中层	8	30~50	20~35	15~35
下层	4	10~20	25~30	20~25
底层		30~40	5~10	5~10

（2）**合理分群饲养** 采用自动称重系统获得体重，也可以采用体尺测量的方法估测体重，采用体况评分法（BCS）进行体况评定。干奶牛分组时应根据个体牛只体况适当调整不同组的日粮营养水平。干奶后期可逐步增加精料的饲喂量，建议干奶期体况保持在 3.25~3.50 分，避免干奶期体况下降，如产犊时体况分值低于 3.25，则产奶量较低，并且发生代谢病的几率增加。应定期检查 TMR 的干物质含量使其保持在 50%~55%，检查各牛群的干物质采食量，确定干物质的最大采食等。干奶后期（围产前期）日粮必须富含能量和蛋白质，降低粗饲料水平（尽可能降低日粮钙水平）。初产牛必须于产前 21d 开始饲喂围产期日粮。如果产前的 BCS<3.25，则需于产前 25d 开始饲喂；如果 BCS>3.75，则可于产前 14d 开始饲喂。泌乳牛分群时不仅要考虑产奶量，而且要根据体况评分加以调整，例如，高产群中的牛如果体况过肥时，则需要调到中产牛群饲喂；中产群中的牛如果体况过瘦，则需调到高产牛群饲喂。

（3）**测定尿液 pH 值，控制阴离子盐** 在产前添加阴离子盐时，最好根据采集的尿液（可以按摩阴门 15 次左右刺激排尿）pH 值进行调整。每周至少测定奶牛尿液 pH 值 1 次，通常在采食后的 2~6h 进行测定。如果奶牛尿液 pH 值在 6.5 以上，说明日粮的阴离子差还不足以显著地改变产犊时血液钙浓度。如果奶牛尿液 pH 值在 5.5~6.5，而且采食量无明显变化，则可继续饲喂阴离子日粮。如果尿液 pH 值低于 5.5，而且采食量明显下降，则应减少日粮的阴离子浓度，否则可能引起不可代偿性的代谢性酸中毒。有研究报道，尿液 pH 值在 5.5~6.5 时，阴离子饲粮的 DCAD 比较合适。

（4）**辅助饲料饲喂** 在精料中添加 1%~2% 的小苏打和 0.8% 的 MgO 可有效预防奶牛急性瘤胃酸中毒的发生。此外，饲料中添加酵母培养物可促进瘤胃微生物对乳酸菌的利用，有助于激活瘤胃内纤维素酶的活性，对提高粗纤维物质的消化、控制瘤胃内的 pH 值有明显作用。

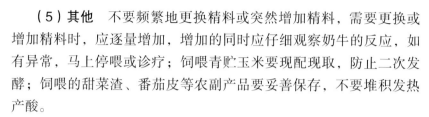

（5）**其他** 不要频繁地更换精料或突然增加精料，需要更换或增加精料时，应逐量增加，增加的同时应仔细观察奶牛的反应，如有异常，马上停喂或诊疗；饲喂青贮玉米要现配现取，防止二次发酵；饲喂的甜菜渣、番茄皮等农副产品要妥善保存，不要堆积发热产酸。

【**应用效果**】提高瘤胃酸中毒的诊断与治疗、提高 TMR 日粮精粗配比科学性，降低牧场代谢疾病发生率、降低牧场蹄病发生率，改善奶牛生产性能，降低饲养成本，提高经济效益。

【**注意事项**】

① 奶牛应分群饲养。

② 应监测 TMR 颗粒度、奶牛粪便。

③ 根据瘤胃酸中毒检测手段检测的结果，及时调整 TMR 配方、制作工艺。瘤胃酸中毒重在预防。

第五节 挤 奶

一、奶厅清洗、消毒关键技术与应用

【**适用范围**】奶牛场挤奶厅管理及优质生鲜乳生产。

【**解决问题**】牛奶是奶牛养殖第一目标产物，奶厅是将畜产品转化为这一目标产品的唯一场所，因此，奶厅设备、管道的清洗、消毒、奶牛的卫生保健是保证牛奶这一重要产品品质的基础。清洗剂的选择和使用决定着清洗效果和牛奶的安全、卫生，药浴液的选择和使用关乎奶牛健康和可持续利用。也就是说，奶厅的清洗、消毒效率最终决定着牛奶的品质和奶牛的养殖效益。

【**技术要领**】

1. 设备清洗

使用洗、消合一的清洗剂

（1）清洗工艺

标准清洗流程

（2）**注意事项** CIP清洗系统广泛应用于食品、牧场等卫生要求、机械化程度较高的行业中。在清洗过程中，为了保证清洗效果，工作人员须严格按照SOP标准操作规范执行，同时还需要注意监控以下几个关键控制点。

① 预冲洗很关键，使用35~40℃的温水可以带走管道中大量污垢。

② 每一遍清洗的水温要求都不同，热水温度应在 65~75℃，过高将导致乳蛋白贴于管壁难以除去，过低温度则会降低乳脂、蛋白、清洗剂的溶解度，所以必须严格执行，否则难以达到理想的清洗效果。

③ 清洗过程中，管道清洗用水必须符合国家标准饮用水标准，根据水的硬度来调整清洗剂的用量，酸碱清洗剂的浓度必须符合要求，需要定期检测。

④ 清洗剂需要有足够的时间与污垢混合反应，一般每次的清洗时间在 8~15min。

⑤ 定期检查清洗设备的工作状况，如气压、各处阀门、排污等。

⑥ 要对管道进行定期的过滤和排查，尤其是管道接头及死角处，极易积存大量的奶垢，必须及时清除。必要时可以启动"爆炸式"清洗，即使用"强酸强碱热酸热碱"进行清洗。

通过优化 CIP 工艺，降低了清洗剂和水的用量，同时兼顾高效清洗、杀菌的作用。实现了相对低温清洗的突破，进而达到了节能减排、环境友好、降低综合使用成本的效果。

特点：

① 洗消毒合一，效率提高；② 低温清洗，能耗降低。

（3）使用效果评价（表 2-31）

表 2-31　奶厅清洗、消毒效果评价

评价指标	ATP 荧光检测	能耗（兆焦耳）/ 吨循环水	清洗时间（min）	清洗剂单次用量 / 吨循环水
目标值	控制在 100 以内	231	45	8L 以内
实测值	≤ 10	168~189	35	4~6L

2. 乳头药浴

① 使用能够快速杀菌、易于清除、没有残留的前药浴液。

② 使用具备长效杀菌、能够在皮肤表面快速成膜（透气），润肤、护肤的聚维酮碘溶液作为后药浴液。

③特点，前后药浴分开使用，在实现药浴之初始功能的基础上。

挤奶标准流程

检测奶牛乳房及乳头
（去除明显附着物）

挤前药浴
（持续30s）

挤去头三把奶
（收集）

擦净乳头
（一牛一巾）

套杯挤奶
（注意调节挤奶杯组的位置）

脱杯、后药浴
（脱杯后立刻药浴乳头）

标准挤奶流程

a. 使药浴工作更简单，便捷。

b. 前药浴成本更低。

c. 后药浴快速成膜，可有效抵御外界微生物侵染的同时，更好呵护皮肤黏膜，防止皮肤皲裂，保护乳房健康。

d. 后药浴效果更显著，极少滴落，减少浪费。

④ 使用效果评价。

表2-32 奶厅药浴效果评价

评价指标	临床乳房炎发病率（%）	体细胞总数（mL）	菌落总数（mL）	药浴液单次用量（牛）
目标值	3以内	20万以内	10万以内	6~8mL
实测值	≤ 2	≤ 20万	≤ 3万	≤ 5mL

【应用效果】牛奶的菌落总数及体细胞数控制在目标范围之内，提升原奶品质，降低奶厅耗品的使用量，降低使用成本，环境友好，提高奶农的养殖效益。

【注意事项】① 清洗剂、药浴液的选择和使用应在符合国家相关法规规定；② 药浴液中重金属含量应严格限量、非法添加物如OP、NP及其聚合物等不得检出。③ 原奶属于食品原料，其贮存、运输、加工应符合相关食品法规的要求。

二、挤奶关键技术

【适用范围】挤奶厅部门。

【解决问题】挤奶设备选型问题，挤奶设备操作问题，挤奶设备保养问题。避免资金浪费，提高设备使用效率，延长设备使用寿命。

【技术要领】

（1）挤奶设备的类型 挤奶设备可分为鱼骨式挤奶机，并列式挤奶机，转盘式挤奶机。

鱼骨式挤奶机的挤奶机的尺寸大于并列式挤奶机，但设备价格低于并列式奶机的价格。挤完奶放牛的时间稍长，适用于小型奶牛场的使用。

并列式挤奶机的尺寸小于鱼骨式，价格略高于鱼骨式挤奶机。但设备利用率高于鱼骨式设备。

转台式挤奶设备，价格高，但是设备利用率非常高，占地面积较大。

（2）**挤奶设备的尺寸** 有很多种，选择的原则如下。

鱼骨和并列挤奶机是一样的：挤奶机位数 = 全群挤奶牛头数 / 挤奶时间 / 挤奶批次 /2

转盘式挤奶机：挤奶机位数 = 全群挤奶牛头数 / 挤奶时间 / 挤奶批次

（3）**挤奶效率管理** 挤奶前，泌乳腺泡充盈牛奶，腺泡开口封闭；当催产素作用到组织，牛奶产生于乳腺泡并释放到乳池中，催产素需要 60~90 s，通过血液循环作用到乳房；泌乳刺激后，腺泡里的奶排出，进入乳导管；通过乳池汇集乳头管的牛奶。

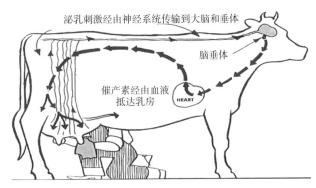

催产素的产生

保证牛只舒适放松；挤奶前合理刺激；防止细菌感染乳房。

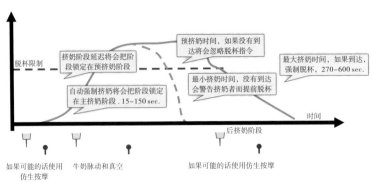

挤奶过程原理

挤奶操作的基本要领，0~120s 不应有双峰。

牛号	群号	泌乳期数	泌乳天数	昨天产量 2	昨天头2分钟产量所占%2	昨天批次号 2	昨天挤奶位置 2	昨天挤奶持续时间 2	昨天平均流量 2	昨天流量峰值 2	昨天0-15s流量 2	昨天15-30s流量 2	昨天30-60s流量 2	昨天60-120s流量 2
385	2	3	969	5.8	97	14	17	1:52	3.0	4.4	0.3	2.5	3.3	3.2
635	5	4	20	7.8	86	4	17	2:25	3.1	4.8	0.0	2.2	3.9	4.2
654	5	4	223	6.1	84	1	23	2:38	2.2	3.6	0.3	2.8	3.0	2.9
538	5	4	296	5.4	83	2	10	3:35	1.5	3.5	0.6	2.7	3.3	2.0
956	6	1	286	9.8	82	8	6	2:48	3.4	5.0	0.7	3.3	4.5	4.8
835	5	2	283	3.0	81	4	9	2:40	1.0	2.2	0.9	1.5	0.5	1.6
867	6	1	283	10.3	79	8	4	2:49	3.6	5.3	0.8	3.7	4.8	4.6
876	5	2	186	8.5	78	1	15	3:04	2.7	4.2	0.7	3.1	3.9	3.7
806	2	2	719	6.0	77	4	3	2:57	2.0	3.2	0.4	2.0	2.7	2.7
8960	6	3	448	5.8	77	3	42	2:56	1.9	3.3	0.3	2.2	2.8	2.4

泌乳曲线

良好挤奶操作的结果

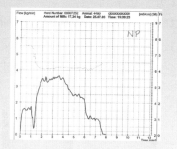

评估挤奶时间

关键评估点

- 套杯时间
  - 一般 5 min 左右
    - 最长可达 8 min
  - 目标：前 11kg 在 5 min 内完
    成，之后每分钟 4.5kg
- 平均排奶速度
  - 测量 10~30 头牛
    - 准确度：每分钟 ±1 磅
    - 目标：每分钟 2.3~4.1 kg

双排奶峰由于刺激不足或准备滞后时间过短

良好的挤奶操作，挤奶时间会在 3.75min 左右，会大大地提高单位时间内的人员的工作效率。并且会最大限度的保护牛的乳头不会因为挤奶受到伤害。把奶牛该产的奶都挤出来，避免损失。良好的挤奶操作，乳头评分 1~2 分的牛头数会控制在 90% 以上。

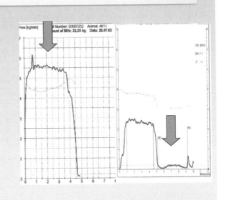

挤奶之后观察

1 分：正常乳头。

2 分：<1mm 环状凸起，轻微角质。

3 分：1~3mm 环状凸起，角质严重。

4 分：3mm 以上角质环状凸起，结痂。

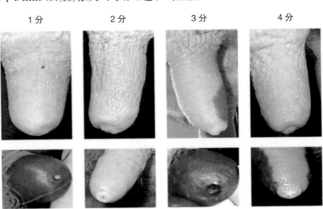

乳头评分

（4）挤奶设备的维护保养。

根据设备的运行时间，严格按照厂家的要求，对设备进行必要的保养，是设备长期，良好运行的基本要求（表2-33）。

表2-33 根据设备的要求，制订出设备保养计划

10月	11月	12月	系统名称	设备名称	保养内容
10月11日			真空系统	真空泵	更换皮带，检查皮带的紧张度，三角带下压10~15mm正常，检查并紧固所有螺栓
				真空泵	更换过滤网
10月8日				真空泵	更换齿轮油，油位于油窗中间位置；轴承润滑；检查清洗稳压罐过滤网
10月9日	11月9日	12月9日		真空泵	用5%的酸/碱冲洗真空泵；更换过滤网
	11月10日		真空系统	真空泵	检查清洗稳压罐过滤网
10月8日				真空泵	更换真空罐排污阀
10月9日				真空泵	更换稳压器维护组件
	11月13日			真空泵	真空泵抽气量检测

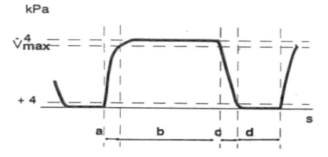

脉动器原理

例如保养后的脉动器的参数如下。

脉动比率:		60mg/kg			脉动比率：65/35			
ISO 标准								
最小 B 相持续时间：			不小于 30%					
最小 D 相持续时间：			不少于 15%					
最小 D 相持续时间：			不少于 150msec					
脉动器频率：					推荐不超出 5%			
脉动器比率：				不超出 5% 或者根据推荐				
最大偏差：				5%				
最大真空在 D 相：				4kPa				
真空波动在 B 相：				4kPa				
脉动器腔体内最小和最大真空值：工作真空压力不超出 2kPa								
【应用效果】		原则适合于自己牧场的挤奶设备，避免浪费						
		提高挤奶效率，提高工作人员的工作效率						
		给奶牛以最大的保护						
		延长设备的使用寿命						
【注意事项】		要认真地研究设备的原理，让设备发挥它最大的能力						

第六节 环 保

一、微生物发酵床处理粪污技术

【适用范围】犊牛、育成牛和干奶牛。

【解决问题】将牛床地面铺设垫料，并喷洒发酵菌种制成发酵菌床，利用垫料的吸附特性与微生物的发酵降解特性，将奶牛所排泄的固、液、气等各种形态的废弃物吸附、降解，从而达到养殖场没有氨气产生和粪污排出的目的，改善养殖场及其周边环境，是一种"零污染"的生态环保养殖技术，同时也解决了奶牛舒适度的问题。

【技术要领】

1.铺设垫料

选择无毒无害、透气性好、吸水性强、粗纤维含量和碳氮比高，尤其是木质素高的适合菌种生长的稻壳和锯末为垫料，铺设厚度50cm，冬季垫料增加10%。

2.接菌

菌床需要粪尿作为养料，一般是在上牛后菌床水分达45%~55%时，按100g/m² 水平在垫料上均匀喷洒发酵菌（初次加倍）。根据菌种监测情况适时补充菌剂，使有益微生物菌群始终处于优势地位，确保发酵床对粪尿的消化分解能力始终维持在较高水平，抑制病原微生物的繁殖和病害的发生，为奶牛提供健康的生态环境。冬季平均每15d需添加一次菌剂。

3.发酵床养护

垫料接菌后即成为菌床，发酵床养护主要涉及垫料的通透性管理、通风、湿度调节、垫料补充等。接菌后第3天进行第1次深翻到

犊牛发酵菌床

底，并第 2 次喷洒发酵菌，之后每 2d 浅翻一次 25cm，每 10~15d 深翻一次。

4.定期测温

制作规范的发酵床，表层 10cm 左右不发酵或发酵强度很低，实际上是个保护缓冲层，发酵床的核心发酵层为表面 10cm 以下的 20~30cm 垫料层，夏季表面温度一般在 22~26℃。发酵床的测温方法为：每天选 5 个点，每点 25cm 深度、35cm 深度和底层三个深度测量发酵床温湿度，分别达 25℃、45℃和 30℃，湿度 45%~55% 时被视为较好发酵床。

发酵床剖面

【应用效果】

1. 减少粪污排量

将粪污转化成有机肥。发酵产生的热量适宜，增加奶牛舒适度，延长了躺卧时间，提高生产性能。

2. 降低发病率

保持卧床清洁，发酵过程中杀死许多有害菌，减少细菌感染，降低发病率。

3. 降低运营成本

减少了人工清粪和粪污处理设备，降低运营成本。

【注意事项】

① 含有防腐剂的锯末和发霉的稻壳秸秆等不能作为垫料使用。

② 发酵床的湿度尽量保持在 40%~50%，湿度高于 65% 厌氧菌主导分解过程，产生有害气体。

③ 高温季节谨慎使用发酵床。冬季舍内温度较低，发酵床湿度大，必须经常补充垫料，及时添加菌剂。

二、粪污处理与综合利用——奶牛场粪便农业利用技术

【适用范围】周边有足够面积农田对粪便进行消纳的奶牛场。

【解决问题】奶牛场废弃物未进行有效处理与利用，对周围环境造成污染；或处理与利用不当，投资和运行费用高，使奶牛场难以承受。通过种养结合解决奶牛场废弃物的环境污染问题。

【技术要领】

1. 奶牛舍清粪

清粪是规模化奶牛养殖过程中的重要环节，有助于保持奶牛舍内环境清洁，且奶牛粪便进行收集以便于后续处理。奶牛场的清粪方式包括人工清粪和机械清粪，而机械清粪又分为机械刮板清粪和推粪机清粪。① 人工清粪是通过人力清理出奶牛舍粪道上的固体粪便，用手推车送到贮粪设施暂时存放；尿液通过粪沟排入舍外贮粪池。其缺

点是劳动量大，生产效率低，尤其是随着人工成本的不断增加和劳动力稀缺，人工清粪方式的使用越来越少；利用专用的机械设备替代人工清粪的比例日渐提高。② 刮板清粪主要有链式刮板清粪，通过电力带动刮板沿纵向粪沟将粪便刮到横向粪沟，然后进一步排出舍外；其优点是操作简便，提高工作效率；24h 不间断运行，刮板移动速度慢，不影响奶牛的正常生产。③ 推粪机清粪，通常由小型装载机改装而成，利用装载机或拖拉机的动力将粪便由粪区通道推出舍外；其优点是灵活机动，一台机器可清理多栋畜禽舍；清粪铲无须长期浸泡在粪尿中，腐蚀不严重；但工作噪声较大、不能带畜清粪。

链式刮板清粪　　　　　　　　　　推粪机清粪

2.固液分离

可选，如果奶牛场周围农田面积足够消纳牛场粪水中所有的氮、磷等养分则无须进行固液分离，参照荷兰的要求，每头奶牛配 7.5 亩地。如果奶牛场周围农田面积不够大，则可对奶牛舍清理出的粪便进行固液分离处理，对液体部分妥善贮存后作为肥料就地就近应用于农业种植，固体粪便经过适当处理生产有机肥外销或回用于牛床垫料。

固液分离设备主要有斜板筛分离机和螺旋挤压分离机。① 斜板筛分离机是常用的固液分离设备，从奶牛舍清理出的粪水经泵提升至固液分离设备的上部，粪水依靠自重在斜置平行格栅筛板上流动，粒径大于筛孔的固体物留在筛网表面，而液体和粒径小于筛孔尺寸的固体物则通过筛孔流出。该设备的优点是成本低、运行费用低、结构简单和维修方便；缺点是对固体物的去除率较低，一般为 20%~25%，分离出来的固体物含水率大于 80%，甚至高达 90%。② 螺旋挤压分离机是将重力过滤、挤压过滤以及高压压榨融为一体的新型分离装置。从奶牛舍清理出的粪水泵入机体，在振动电机的作用下加速落料，此时经动力传动，挤压绞龙将粪水逐渐推向机体前方，同时不断提高前缘的压力，迫使物料中的水分挤出网筛，流出排水管；当大到一定程度时，就将卸料口顶开出料。该设备的优点是自动化水平高、日处理量大、适合连续作业；分离出的固体物的含水率较低，在 60%。

斜板筛分离机　　　　　　　　螺旋挤压分离机

3. 奶牛场液体粪便贮存

固液分离设备分离出来的奶牛场液体粪便进入贮存设施（即氧化塘）存放，直至农作物需要施肥的时候，将液体粪便作为肥料输送到田间施用。因此，氧化塘必须有足够的容积，且贮存过程中不可渗漏。

氧化塘的形状可以是方形或圆形，其容积计算方法：① 两次施肥期间奶牛场产生的所有液体粪便量，可通过奶牛场每天的液体粪便量乘以两次施肥之间的间隔时间（天）进行计算。② 非密闭氧化塘还需要考虑雨水量，按照国外经验，以当地 20 年不遇的降水量进行计算。③ 氧化塘上部预留约 0.5 m 的富余量。④ 将前面 3 步计算数据相加，即为氧化塘的最终容积。

氧化塘的建造参照《畜禽养殖污水贮存设施设计要求》（GB/T

26624—2011）相关规定执行，具体要求包括：①内壁和底面应做防渗处理，可采用水泥土或防渗水泥修筑，或在其底部和内壁铺设防渗复合土工膜和高密度聚乙烯（HDPE）土工膜、复合土工膜和HDPE土工膜能够耐塘内有机液体的腐蚀。②底高于地下水位0.6m以上。③高度或深度不超过6m。④地下污水贮存设施周围应设置导流渠，防止径流、雨水进入贮存设施内。⑤进水管道直径最小为300mm。⑥进、出水口设计应避免在设施内产生短流、沟流、返混和死区。⑦地上污水贮存设施应设有自动溢流管道。⑧污水贮存设施周围应设置明显的标志和围栏等防护设施。

覆膜氧化塘

水泥防渗氧化塘

4. 奶牛场配套农田面积估算

液体粪便的氮、磷等养分可用做农作物生产所需要的肥料，消纳奶牛场液体粪便中的养分（目前多数以氮为标准进行估算）所需要的农田面积可通过以下步骤进行计算。

（1）确定液体粪便每年氮养分总量 液体粪便氮养分含量（kgN/m³）最好能在每次施肥前采样进行测定获取最直接的数据，同一养殖场也可参照往年的测定数据或者使用相同清粪工艺的其他奶牛场已有数据。

然后估算奶牛场液体粪便每年氮养分总量：液体粪便每年氮养分总量（kgN）＝液体粪便氮养分含量（kgN/m³）×液体粪便总体积，而液体粪便总体积（m³）＝奶牛场每天的液体粪便体积×365（d）。

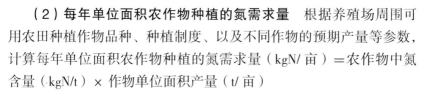

（2）每年单位面积农作物种植的氮需求量　根据养殖场周围可用农田种植作物品种、种植制度、以及不同作物的预期产量等参数，计算每年单位面积农作物种植的氮需求量（kgN/亩）＝农作物中氮含量（kgN/t）×作物单位面积产量（t/亩）

牧草或农作物单位面积产量（单产）可参考历史产量资料数据，如种植者保存的往年纪录或者前人的纪录。

对于一年多熟的作物（如南方水稻）、多茬的牧草或轮作的作物，则每年单位面积农作物种植的氮需求量应为多茬农作物养分或多种农作物养分的总和。

（3）液体粪便施用配套农田面积估算　基于上述步骤（1）和（2）估算数据计算消纳液体粪便配套的农田面积：液体粪便施用配套农田面积（亩）＝液体粪便每年氮养分总量（kgN）÷每年单位面积农作物种植的氮需求量（kgN/亩）。

5.奶牛场液体粪便施用

液体粪便可以在养殖场贮存，农田需要施肥时通过管道或者车载形式运送至农田进行施用，也可在田间建造小型贮存池贮存液体粪便，施肥季节直接施用。

液体粪便运输车

田间贮存池

液体粪便可作为基肥或追肥施用，基肥可采用喷洒施肥或开沟漫灌的施肥方式；追肥可采用注入式施肥、沟灌、喷灌或滴管等方式。

国外常用的液体粪便施肥方式有喷洒施肥和注入式施肥，并配套开发了相应的施肥设备，可通过设备的出料量及其移动速度控制农田的施肥量，实现均匀施肥；我国目前的施用方式主要是漫灌、沟灌、喷灌和滴管等施肥方式，但漫灌和沟灌的施肥均匀性难易控制，而喷灌和滴管仅限于液体粪便上清液（或沼液上清液）以避免喷头或滴管堵塞。

牧草喷灌

国外注入施肥

【应用效果】直接将奶牛场液体粪便作为有机肥用于周围农作物种植，通过种养结合有效解决奶牛场废弃物的环境污染问题。

【注意事项】① 奶牛场周围需有足够的配套农田（自有、租赁或协议用地均可）；② 奶牛场必须建造足够体积的贮存池，对液体粪便进行安全贮存；③ 液体粪便农田利用应遵照农作物的施肥时间；④ 避免雨天或在冰冻地面施用液体粪便。

三、粪污处理与综合利用——牛粪好氧堆肥发酵及回用技术

【适用范围】周边没有农田对粪便进行消纳的奶牛场。

【解决问题】针对奶牛场周边农田面积不足，固体粪便无法直接农田的问题，通过牛粪堆肥发酵无害化处理，生产有机肥或者回用牛床垫料，解决奶牛场粪便污染环境问题的同时为奶牛场带来一定经济效益。

【技术要领】

1. 清粪方式的选择

宜采用人工干清粪或机械干清粪的方式，将牛粪直接清理到舍外的粪便临时贮存设施，用于后续堆肥发酵。

2. 牛粪堆肥发酵工艺的选择

目前无害化处理的工艺主要包括条垛式发酵、静态通风发酵、槽式堆肥发酵以及反应器堆肥4种方式。

（1）**条垛式堆肥发酵**　工艺流程为：将牛粪和辅料混合后堆成条垛式进行发酵，通过翻堆设备对物料进行定期翻堆来实现供氧。发酵车间的面积应根据牛粪的产生量以及发酵周期确定，发酵车间的高度应满足铲车以及搅拌设备工作高度的需要。条垛的堆体高度、宽度需要根据翻堆的设备和型号来确定，常见的堆高为1~1.2m，宽2~3m。条垛式发酵周期相对较长，需要一定的占地面积，但投资和运行成本较低，比较适合有一定面积的奶牛场。

条垛式堆肥发酵

（2）**静态通风发酵**　工艺流程为：按一定的比例将畜禽粪便和辅料等搅拌混匀；在堆肥车间底部通风管上覆盖一层辅料，可以将气体均匀分布，同时防止物料堵塞通风管道上的通风孔；将混匀的物料用铲车或者传送带送至堆肥车间内；启动通风控制系统开始堆肥，一次发酵一般持续4周左右，发酵结束。发酵车间的面积也应需要牛粪量以及发酵周期计算，发酵车间的底部通常铺设有通风管道，利用鼓风机将新鲜空气通过多孔管道输送到料堆，给堆体供氧，发酵堆体高度一般为 1.5~2.0m。

静态通风发酵

（3）槽式堆肥发酵　工艺流程为：牛粪和辅料混合后用铲车或者传送带送发酵槽内堆放发酵。混合物料每天（或者隔几天）定时将牛粪混合物放入发酵槽一端，利用翻堆设备对物料进行翻堆，翻堆过程中物料沿槽向前移动一段距离，发酵结束后用出料机或者铲车将物料清出。需要配备的设施设备包括发酵槽、搅拌机和底部通风系统。一般一个发酵车间内有多个发酵槽，翻堆机在不同发酵槽位置转移需要利用设置在发酵槽一端的移行机来实现。发酵槽的宽度必须和翻堆设备的宽度一致。发酵槽的长度和翻堆的次数决定了堆肥的周期，堆肥周期一般为 2~4 周。

槽式堆肥发酵

（4）发酵设备　奶牛场也可以直接采购发酵设备来进行牛粪的堆肥发酵。利用发酵设备进行堆肥的流程为：每天将牛粪混合原料从发酵设备的一端放入，同时设备的另外一端是发酵完成的物料。发酵设备一般都设置有通风系统和臭气处理系统。堆肥发酵周期一般为10d左右，一般该设备投资比较大，运行成本高，适合具有一定经济实力的奶牛场使用。

粪便发酵立体设备

3.牛粪堆肥发酵过程的控制

（1）堆肥原料混合比的确定　为满足微生物正常发酵，一般需要向牛粪中添加一些辅料，如粉碎的农作物秸秆、稻壳或花生壳等，以调节物料的孔隙率，满足好氧通风的需要，原料混合比的确定可采用简单的做法：首先在一个塑料桶中装满水、称重，根据水的重量和水的密度（1000kg/m³）计算出桶的体积；然后在塑料桶中装满牛粪（牛粪要呈自然状态，不要压实），称量牛粪的重量，记录，同样方法称量秸秆的重量，分别计算粪便和秸秆的密度；然后以500~600kg/m³为目标密度（即牛粪和辅料混合后的密度为500~600 kg/m³），大致估算混合体积比；接下来，按照大概体积比例进行混合（例如：粪便与秸秆按照3∶2的体积比混合，则先用桶盛3桶粪，然后盛2桶秸秆，倒在一起混合均匀），再用桶盛混合物，称量混合物的重量，计算出比重⋯⋯直到得到理想的密度。

（2）通风控制

通风量：应根据堆肥发酵的不同原料选择不同的通风量，牛粪与几种常见堆肥原料发酵所需的适宜通风量参考值见下表。

表 2-33　牛粪和不同辅料混合发酵所需通风量

堆肥原料	通风速率
牛粪+锯末	40~93L/（min·m^3）
牛粪+稻壳	28~80L/（min·m^3）
牛粪+玉米秸秆	100L/（min·m^3）
牛粪+蔬菜废物	500/（min·m^3）

通风方式：确定了通风量以后，可以根据需要选择通风控制方式，堆肥通风控制方式有多种：

不控制——条垛式自然通风系统利用自然扩散方式进行通风，没有通风系统。但由于氧气通过自然扩散能进入到堆体内部，但一般只能进入25cm深处，而且随着有机物的分解和含水率的下降，内部通风会进一步下降。因此需要通过翻堆或者搅拌来补充养分和保持通气的均匀性。

手动控制——利用手动控制风机运行时间和风机风量大小，由于没有理论依据，此种方式目前应用非常少。

时间控制法——常用于静态通风和反应器堆肥系统中，通过时间继电器和控流阀相连，自动控制风机运行时间。一般而言，进入堆肥内部的氧气会在15min之内消耗完，因此建议风机运行间歇时间可以设置在15min左右，比如风机运行15min，停止5min，如此往复。

气体浓度反馈控制法——根据O_2或CO_2浓度自动控制，将O_2或者CO_2浓度探头放在堆体或者堆肥排放气体的出口中，利用传感器将采集的数据自动传送到软件控制中心，软件会根据O_2或者CO_2浓度，自动控制调整通风系统，从而维持O_2或者CO_2浓度在一定的范围内。

温度反馈控制法——根据堆体温度情况控制通风系统运行。当堆体温度超过设定上限时，风机通风速率自动提高，使堆体温度降低；当温度低于设定下限时，风机风速自动降低以维持堆体温度。

（3）**温度控制**　堆肥理想的温度值是 50~60℃，《粪便无害化卫生要求》（GB 7959—2012）中对堆肥温度的卫生要求是温度 60℃以上持续 5d，50℃以上持续 10d，但如果温度超过 70℃，则不利于后续发酵的。

（4）**pH 值控制**　如果牛粪的 pH 值在 5~9，则能满足堆肥需求，否则如果堆肥过程 pH 发生较大改变，此时必须进行调节。如果 pH 值低于 5，通常用石灰或碱性磷肥调节；如果 pH 高于 9，可以添加氯化铁或明矾和堆肥返料来调节。

（5）**臭气控制**　堆肥过程不可避免存在氨气等气体的排放，很容易对周围环境造成污染，因此必须对臭气进行控制，可以采用生物除臭法进行臭气处理，即将发酵车间进行相对密封处理，将臭气排出口的臭气集中收集后送入除臭车间进行臭气处理。其中，停留时间指臭气与生物过滤床介质接触的时间，一般建议为 60~100s，同时除臭材料的含水率一般设置 40%~60%。

4. 有机肥生产

牛粪堆肥发酵完成后，经过适当腐熟可以直接用以农田利用，如果经过适当腐熟可以进一步加工生产有机肥。有机肥加工工艺为：粉碎、筛分、配料、混合、制粒、烘干、冷却、筛分和打包等环节。首先将发酵后的物料送入粉碎机进一步粉碎，然后进行筛分。粉碎合格的有机物料、氮磷钾无机物料以及需要添加的添加剂等分别同时进入电子配料秤进行计量配料，配好的物料进入搅拌机进行连续混合。混合后的物料输送至平模挤压制粒机制粒，制成圆柱颗粒（如需制成圆球状，可以送入磨圆机加工成圆球状颗粒）。成型的颗粒接着进入烘干机降低水分，再进入冷却器降低物料温度。冷却后颗粒需要筛分分级，筛分合格的颗粒有机肥成品进入打包机打包装袋。袋装肥料移入成品库房待售。

5. 牛粪回用牛床垫料

固体牛粪经过无害化处理后，经过适当晾晒至含水率为 40% 左右，同时垫料基本无臭味、无蝇虫时即可以直接作为牛床垫料使用。

【应用效果】牛粪中含有丰富的氮磷以及有机质和纤维素，经过无害化处理后可以直接还田或者进一步生产有机肥，也可以作为牛床垫料使用，提高奶牛的卧床舒适度，具有很好的经济、生态、社会效益。

【注意事项】发酵过程应满足《畜禽粪便无害化处理技术规范》（NY/T 1168—2006），发酵完成的物料如果生产有机肥则应满足《有机肥料》（NY 525—2012）要求，发酵完成的物料如果回用牛床垫料则应定期更换，注意卫生。

第七节　牧场运营

一、物联网信息管理应用技术

【适用范围】标准化牧场。

【解决问题】

1.各个信息化系统无法完美兼容，导致数据孤岛

一座现代化管理的牧场使用的信息化系统非常繁杂，系统种类及本身的易用性参差不齐。既会有国外的管理软件，也会有国内的管理系统。由于缺乏必要的手段，导致牧场管理环节中各个数据无法汇总统一，形成数据孤岛，对牧场的管理与决策带来影响。

2.数据采集来源不精准，造成数据误差

很多牧场存在这样的情况：牧场使用了先进的信息化软件进行牛群管理、奶台管理，但是发现并没有带来明显的管理效果。采用人工录入、时段录入等方式导致了数据采集来源的不精准，造成数据误差，牧场无法准确捕获到牧场的实时运营情况，无法通过数据对牧场每个环节每个时间的情况进行监控和分析，进而有可能导致决策失误或管理疏漏。

3.人员考核困难，人工成本增加

现如今，牧场在人员管理方面依然面对着人员的考核问题和人员的流动问题。在牧场的生产过程中，仍然缺乏对一线操作员工的考核。由于相关数据在底层采集方面存在难度，难以对员工进行有效的考核。尤其是在牧场的 TMR 环节中，TMR 相关设备的操作人员流动性较大，新员工操作上手慢，无法快速满足牧场的上料需求，不仅严重影响配方的准确执行，而且导致牧场人工成本增加。

4.饲喂过程损耗大，饲料成本居高不下

饲料成本约占生产总成本的70%，其中剩料过多、饲料加工浪费现象普遍而严重，牧场无法做好对剩料和加工过程的有效监管。

将已有的松散的、各自独立的系统进行资源整合，有效地运用传感器、物联网、移动应用将各自数据进行统一管理、发布、分析，有效解决上述实际问题，实现互联互通。

【技术要领】

综合牧场现有的信息化系统运营状态及牧场管理的实际需求，要从三个方面解决物联网信息化系统的规划和实施：把控数据来源、提高生产效率、考核人员绩效。通过物联网技术实时获取生产数据，避免数据采集

佩戴 HEATWatch 计步器牛群

误差；根据实时数据发现生产中的问题，制订下一阶段的预算、目标和改进计划；并且，根据下一阶段的目标制订人员绩效考核指标，对人员进行监管和考核。

1. 电子耳标

采用符合 ISO 11784/85 标准的（134.2±5）KHz 的生物电子标签，通过动物全球唯一身份证号码的识别和后台数据库的协同管理，可以对奶牛的出生、饲养、检疫、兽药、营养等信息进行写入和读取，不仅便于统一管理，而且能有效进行溯源数据管理。利用电子耳标作为奶牛物联网中的身份识别的核心，在挤奶、自动称重、电子找牛、自动体况评分、手持机识别系统等起到自动识别作用。

2. 体征数据实时监测

24h 全天候对牛只进行各项体征的数据监测统计，包括：精准身份识别、发情揭发、准确配种时间、采食时间、躺卧时间、行走时间、混群识别等。

采用穿戴式传感器获取牛只各项体征信息，主动监控牛只活动、定位牛只位置，降低人力成本。同时，与奶台系统和财务管理系统互通，能根据生产数据及时准确生成各类报表供数据分析，找出生产问题，提高生产效率。

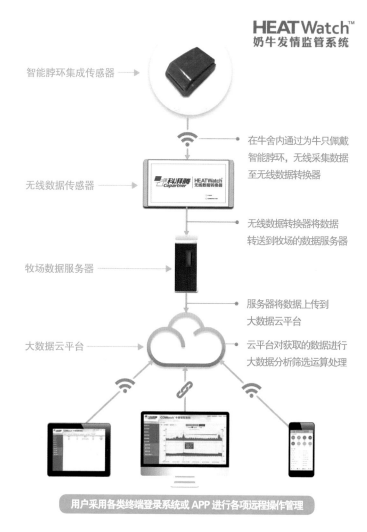

HEATWatch™
奶牛发情监管系统

智能脖环集成传感器

在牛舍内通过为牛只佩戴智能脖环，无线采集数据至无线数据转换器

无线数据传感器

无线数据转换器将数据转送到牧场的数据服务器

牧场数据服务器

服务器将数据上传到大数据云平台

大数据云平台

云平台对获取的数据进行大数据分析筛选运算处理

用户采用各类终端登录系统或 APP 进行各项远程操作管理

工作原理示意图

3. TMR 饲喂监控

实时自动采集饲喂时间、搅拌时间、添加准确度、剩料量等数据。实现三个配方统一，每种饲料添加、投放误差小于 10kg。全天饲料添加、投放误差小于 3%。确监控饲喂的整个过程。在铲车（上料机）上安装上料提示器；采用精确地控制办法，操作人员只有把饲料精确投放后才可进行下一步操作，实时了解每一搅拌车的工作状态；并且，为牧场考核提供清晰的考核依据，清除记录每一个工人的饲料投放情况，可以方便查询每一种饲料在每一阶段的使用情况。

TMRWatch 车载控制器　　　　　TMRWatch 软件截图

4. 手持终端数据采集

将工作流融入进软件中，为生产人员安装移动端 APP，通过每日下发的任务要求人员及时准确地上报各项数据。

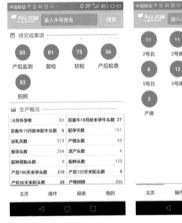

牛群管理各工种移动端软件界面

5. 奶牛自动称重系统

奶牛自动称重系统能够为规模化养殖企业提供便捷、高效的生长指标检测。系统可以采用电子耳标 RFID 识别系统、无线传输系统及称重设备组成。奶牛自动称重系统的应用在提高工作效率的同时，大幅降低工人劳动强度。其中数据采集方式及上传方式实现了手工至自动化的突破。

传统生长指标检测 100 头牛需要 3~5 人耗时 45~60 min。该系统的应用仅需 2~3 人，15~20 min 即可轻松完成。

6. 牛舍环境管控

在牛舍选点安装温、湿度仪和环境监测装置（主要是氨氮），采集信息数据后上传平台，平台根据不同季节、不同时段设定风扇、喷淋、喷雾、卷帘开启和闭合的参数，让牛舍温湿度保持在相对稳定的条件，提高奶牛舒适度，让奶牛饲养环境得到自动调节，奶牛更加舒适地生活。

同时，牛舍内的机械刮粪系统，根据饲养经验，设定时间参数，每天定点运行刮粪系统，确保牛舍经常性地保持清洁卫生。

将牛舍现场检测的温湿度等数据，反馈给控制器终端，与奶牛场已有的 TMR 中心（饲料加工中心含各牛舍自动发料）、集中挤奶中心、牛奶快速制冷设备、奶牛发情监测系统、牛舍粪污处理设备、视频监控等集成，并把数据迅速反馈到终端计算机以供牧场管理者分析处理，实现数据共享、控制与管理的无缝衔接。

通过改进不断提高奶牛场自动化精准环境控制、数字化精准饲喂管理和无害化粪污处理的水平，向设施现代化、环境园林化、管理精确化、发展资源化的一流奶牛场目标奋进。

7. 奶台端口打通，数据实施导入，挤奶系统的数据同步

对挤奶台的奶牛牛号、产量、挤奶位置、挤奶流速、脱杯异常、脱杯流速、低流量时间比例、产奶量等数据进行实时采集和分析，保证数据的及时性和准确性。打通奶台软件数据接口，进行数据无缝对接，确保数据准确互通。

挤奶机

8.挤奶机真空度和脉动器在线检测系统

脉动器是挤奶机的心脏，各部分要求极其精密，是保证挤奶机正常工作的关键。在挤奶过程中脉动器如果发生故障，将会导致脉动器的脉动频率、脉动比率产生异常变化，从而会影响挤奶过程，对奶牛产生应激，严重的还会导致奶牛乳房炎的大量发生，从而严重影响牧场的生产及导致经济损失。另外，在挤奶的同时，如果奶衬老化或损坏，导致真空产生波动，也会对奶牛产生应激。

挤奶机真空度和脉动器在线检测系统的目的是实时显示各挤奶位置和挤奶脉动器的运行状态，对于有异常的脉动器或挤奶管路漏气的位置能够及时报警。

系统包括真空压力传感器，所述真空压力传感器与脉动器的脉动管相连，用于检测脉动管中真空压力的变化；所述真空压力传感器还与单片机控制电路相连，所述单片机控制电路用于控制所述真空压力传感器的采集频率并且将所述真空压力传感器采集的数据上传到上位机；所述上位机根据收到的脉动频率、脉动比率和真空波动绘制脉动器运行曲线，并根据绘制的曲线判断脉动器是否正常。

单片机控制电路和上位机之间通过485通信线路连接实现数据传输。

上位机发现不符合系统参数中设置的脉动器时，画出该脉动器最近运行的脉动曲线。

上位机绘制出脉动器最近运行的一个月脉动比率和两段时长变化

曲线，并显示平均脉动比率、脉动频率和真空度，通过分析两段时长变化曲线中的时间参数是否过长来判断所述脉动器的膜片或奶衬是否需要更换。

上位机通过将检测到的数据与四个阶段的真空度分隔参数、标准脉动频率和脉动比率的合理范围进行对比的方式来判断脉动器是否正常。

9. 兽药、饲料等投入品的管理

通过使用电子标签信息化管理手段和数据的实时采集，实现对饲料（粗料、精料、青贮）追溯管理、奶牛用药（兽药）安全追溯、优质奶牛品种方面的育种（冻精）追溯、淘汰牛市场外销环节的食品安全的流程管理和追溯。可以实现下面功能。

① 兽药、饲料进销存的管理通过条形码实现出入库。

② 饲料化验报告导入。

③ 精准到每个批次的申请领用监控。

10. 入库关键点地磅物联

通过地磅系统、采购系统、库存系统的模块能集成，解决了大宗原料、产成品计量不准确，出入库不及时等问题，做到实时反映库存物资的出入库数量，准确掌握实际资金占用情况。

实现所有物资过磅数据自动采集至系统，减少人为干预，杜绝地磅管理漏洞；同时实现过磅数据信息共享，只需通过系统报表即可实时查询所有过磅数据。

11. 智慧牧场物联网信息与服务平台

整合牧场部署完成各业务子系统的牧场进行数据挖掘分析，获取相关业务数据信息，存放在基础信息数据库和业务数据中，实现牛群档案数字化管理与分析。同时，建立数据管理展示平台，将之前挖掘分析的业务数据，通过数据管理展示平台进行展示。此外，通过系统接口开发，能够与其他监管部门系统进行对接，进一步实现数据管理平台的数据可扩展性和适应性。主要包括：基础信息数据库里主要用于慧牧场物联网信息与服务平台的基础信息存储，具体包括：市区乡镇信息、牧场信息、牛群信息、繁殖信息、存栏信息、乳牛淘汰情况等。

业务数据库主要包含：记录牛群的繁殖、保健、奶台、饲喂、奶量、发情信息数据表。

平台数据分析、数据挖掘系统，根据模型生成表单、报表，指导牧场生产、繁育、饲喂管理。数据分析、挖掘主要包括：TMR 加工投喂计划执行误差分析、投喂情况汇总预测、干物质采食量分析、牧场牛只发情检出率分析、繁殖情况分析、分娩情况分析、乳牛淘汰情况分析等。

【应用效果】

① 减少对牧场现场人员经验、责任心的依赖，提高管理效率。

② 一切可数据追溯，出现问题后可快速分析出原因，找到最佳解决办法。

③ 牧场的生产计划更精准，为乳品厂的牛奶数量和质量安全提供保障。

④ 将已有的松散的、各自独立的系统进行资源整合，将各自数据进行统一管理、发布、分析，有效解决管理者实际问题为核心的，实现互联互通。

【注意事项】

① 电子耳标需要减少电磁干扰，提供准确性。

② 所有系统需要简单容易操作，便于现场人员掌握。

③ 无线数传可以使用 mesh 网络传输，保证物联网络的稳定性。

二、以绩效考核手段推动牧场的绩效管理

【适用范围】

从公司层面出发，以目标管理为导向，以 KPI 指标为核心，关键控制点相联动；以主要绩效考核为主，关注过程、强化结果；强调绩效改善、绩效激励；管理者以牧场绩效为准，员工以个人绩效为准，优胜劣汰；绩效考核成绩与晋升、加薪、奖金、异动、培训、淘汰等关联。

【解决问题】

牧场根据公司发展战略需要，制订一定时期内的总目标，总目标的

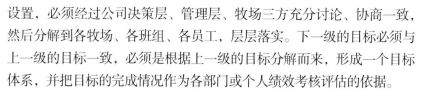

设置，必须经过公司决策层、管理层、牧场三方充分讨论、协商一致，然后分解到各牧场、各班组、各员工，层层落实。下一级的目标必须与上一级的目标一致，必须是根据上一级的目标分解而来，形成一个目标体系，并把目标的完成情况作为各部门或个人绩效考核评估的依据。

【技术要领】

1. 绩效考核遵循的原则

① 绩效考核体系是牧场目标管理体系的管理工具与评价手段，绩效考核项目、考核标准的设置，绩效考核的评价依据、奖惩措施的设置，就显得尤为关键。

② 牧场在导入目标管理体系时，必须与员工绩效管理密切关联，绩效考核体系是目标管理体系的评价手段，目标管理结果是绩效考核的依据，两者相辅相成。

2. 绩效考核方式及考核项目设置

牧场绩效考核方式 牧场绩效考核设置为季度绩效考核、年度绩效考核两种，具体考核指标及考核周期设置见下表。

绩效考核项目	考核项目定义	考核周期
① 净利润	季度/年度内销售收入（市场鲜奶收购价格 × 生鲜奶收购量）– 财务核算成本 [营业成本 + 管理费用 + 财务费用 + 营业外收支净额（淘汰牛净损益额）]	季度/年度
② 生鲜奶产奶量	季度/年度内依公司检验部门检测要求，交送到公司生产的合格鲜奶	季度/年度
③ 吨牛奶成本	季度内的投入养殖成本：吨牛奶完全成本 =（精饲料成本 + 粗饲料成本 + 制造费用 + 生物资产折旧费）/ 交厂奶量；制造费用中包括固定资产折旧费）	季度
④ 牛群繁殖率	年度内整个牛群繁殖比率	年度
⑤ 被动淘汰率	牧场年度内成母牛数总被动淘汰的比率	年度
⑥ 青年牛单头耗费	季度内青年牛正常生长情况下的费用投入	季度
⑦ 犊牛单头耗费	季度内犊牛正常生长情况下的费用投入	季度
⑧ 牛奶菌落数	将菌落指标纳入绩效考核，采取奖罚对赌方式，当季牛奶菌落数以技术中心提供的数据为准	季度

① 牧场季度绩效考核指标设置。

a. 牧场季度净利润指标分解（此项为否决项目）。

特别强调的是，可设定当季净利润完成低于预算季度指标的90%时，不计发任何奖励；当季净利润完成额大于或等于指标的90%时，按以下标准核算季度奖金。

单位	第一季度考核指标	第二季度考核指标	第三季度考核指标	第四季度考核指标	合计
万元/季度	……	……	……	……	……
万元/季度	……	……	……	……	……
万元/季度	……	……	……	……	……

b. 牧场季度绩效考核指标分解（此项为考核项目）。

考核项目	单位	第一季度考核指标	第二季度考核指标	第三季度考核指标	第四季度考核指标	季度考核指标完成率奖金核算标准
产奶量	t/季	……	……	……	……	产奶量完成率<100%，奖励0元；产奶量完成率≥100%，奖励N元
吨牛奶成本	元/t	……	……	……	……	吨牛奶成本≤100%，奖励N元
青年牛单头耗费	元/头	……	……	……	……	青年牛单头耗费≤100%，奖励N元
犊牛单头耗费	元/头	……	……	……	……	犊牛单头耗费≤100%，奖励N元

c. 牧场季度菌落数绩效考核指标（此项为考核项目）。

菌落总数（万CFU/mL）	CFU≤10	10<CFU≤20	20<CFU≤30	30<CFU≤40	40<CFU≤50	50<CFU≤60	CFU>60
奖罚金额（元/季度）	……	……	……	……	……	……	……

d. 牧场季度绩效奖金核算标准。

考 核 项 目	核 算 原 则	奖 励 标 准
产奶量	① 畜牧公司根据公司下达的产奶量经营指标按季度进行细分，报人力资源部备案。季度产奶量按当季三个月的计划产奶量综合考核。 ② 当季牛奶实际生产吨数由财务部以实际交乳品厂总量进行核算	① 当季产奶量小于当季计划量的100%时，将取消此项奖励。 ② 当季产奶量大于或等于当季计划量的100%时，按各牧场奖励标准核发奖金
吨牛奶成 本	① 吨牛奶成本 = (当季投入的总成本 / 当季产奶量吨数)。 ② 当季发生的吨牛奶成本以财务部提供的数据为准	① 季度吨牛奶成本 >100% 时，取消此项奖励。 ② 当季吨牛奶成本 ≤ 100% 时，按各牧场奖励标准核发奖金
单头耗费	① 单头耗费 = (当季青年牛 / 犊牛总耗费) ÷ 饲养天数头数；以青年牛 / 犊牛的平均数核算。 ② 当季发生的单头耗费以财务部提供的数据为准	① 当季青年牛、犊牛单头耗费完成率 >100% 时，将取消此项奖励。 ② 当季青年牛、犊牛单头成本完成率 ≤ 100% 时，按各牧场奖励标准核发奖金
牛 奶菌落数	将菌落指标纳入绩效考核，采取奖罚对赌方式，当季牛奶菌落数以技术中心提供的数据为准	奶源卫生工作管理好，基地收入增多，反之，则收入降低

e. 牧场季度绩效考核细则。

牧场季度考核指标包括：净利润、鲜奶产奶量、吨牛奶成本、青年牛单头耗费、犊牛单头耗费、牛奶菌落数六项，以上各项指标必须根据集团公司年度全面预算作为参考依据，实际运营过程中如有部分数据调整，集团公司将另行下达知会单，并报集团公司总裁批准，人力资源部、财务部据此表核算各牧场季度绩效奖金。特别强调的是，可设定当季净利润完成低于预算季度指标的90%时，不计发任何奖励；当季净利润完成额大于或等于指标的90%时，按以下标准核算季度奖金。

② 牧场年度绩效考核指标设置及奖罚标准。

a. 牧场上一年度的年度绩效考核奖金纳入当年年度净利润考核指标，牧场净利润可根据牧场年度预算确定奖罚标准。

净利润（P）	一级	二级	三级
	P＜考核指标	P＝考核指标	P＞考核指标
奖罚标准	低于部分按N%比例处罚	N万元	超出部分按N%比例奖励

b. 牧场年度产奶量考核指标确定后，年度产奶量奖罚标准如下。

产奶量（P）	一级	二级	三级
	P＜考核指标	P＝考核指标	P＞考核指标
奖罚标准	低于部分处罚N元/吨	不奖不罚	超出部分按每吨N元奖励

c. 牧场年度牛被动淘汰考核指标及奖罚标准。

牧场年度牛只被动淘汰率考核指标基数为N%（公司因发展需要指定淘汰的牛只除外）。被动淘汰之急淘或急宰和疾病淘汰定义参照《奶牛淘汰管理作业标准》执行，牧场牛只数量按当年1月1日盘点的数量计算。

淘汰率	淘汰率＜考核指标	淘汰率＝考核指标	淘汰率＞考核指标
奖罚标准	每头奖励N元	不奖不罚	每头处罚N元

d. 牧场年度奶牛繁殖考核指标及奖罚标准。

牧场牛只数量按当年1月1日盘点的数量计算，奖罚标准可根据牧场年度预算确定奖惩基数。

繁殖率	繁殖率＜考核指标	繁殖率＝考核指标	繁殖率＞考核指标
奖罚标准	每头处罚N元	不奖不罚	每头奖励N元

e. 牧场年度绩效考核奖金分配方式。

年度绩效奖金主要用于牧场员工激励，牧场由于分班管理，原则上牧场场长、生产主管、技术主管、饲养班、挤奶班、繁育班、兽医班、综合班的年度绩效奖金分配比例为：N%、N%、N%、N%、N%、N%、N%、N%；不同牧场年度绩效奖金分配比例可根据牧场当年度的关注重点，予以不同比例分配。

3.绩效考核评价的约定

① 畜牧公司整体产奶量、净利润未达成全年绩效考核指标的100%，畜牧公司管理团队不计发年度绩效考核奖金，由集团公司根据实际情况酌情考虑发放年度绩效考核奖金。

② 年度内出现任何重大安全生产事故（是否重大安全生产事故，由公司安委会判定），视事故严重程度给予主要责任人、相关人员按500~5 000元的处罚，取消年度绩效奖励，同时根据员工手册相关规定对主要责任人进行岗位调整；无年度重大安全生产事故，予以总额奖励10 000元，作为畜牧公司奖励基金。

③ 年度内若出现重大疫情给公司造成严重损失者（损失额达到牧场生物资产额的2%或者以上），视损失严重程度给予主要责任人、相关人员按500~5 000元的处罚，取消年度绩效奖励，同时根据员工手册相关规定对主要责任人进行岗位调整；无年度重大疫情，予以总额奖励10 000元，作为畜牧公司奖励基金。

④ 年度内各牧场若出现重大资产安全问题者（如发生牛只、设备、设施、药品、饲料、冻精被偷盗现象），视损失严重程度给予场长、生产主管、技术主管、相关班长按500~5 000元的处罚，同时根据《员工手册》等相关文件对主要责任人进行降职、调岗或者开除处理。

⑤ 重大疫情事故为一票否决制，出现任何一次都将取消年度奖励，同时对主要责任人进行处罚和调整。具体处理措施由畜牧公司、人力资源部、财务部、审计部等各部门根据实际情况做出专门报告。

【应用效果】

目标结果作为绩效考核体系的一个关键业绩考核指标，占据整个绩效考核体系的绝大部分比重，除在绩效考核中予以加减分外，组织可将完成或未完成目标的部门、个人予以阶段性奖励或惩罚。为确保目标管理的有效运行，绩效考核是目标管理有力的支持系统；没有目标管理，组织就没有方向，没有绩效考核，目标就没有保障。

【注意事项】

牧场的绩效考核要充分遵循一二三四五六原则：

一大目标（追求利润最大化）；

二大机制（激励约束机制、追踪检查机制，双管齐下）；

三大重点（责任重点、业绩重点、价值突破）；

四大层面（战略层面、公司层面、工作层面、人才层面）；

五大力量（领导力、执行力、技术力、学习力、创新力）；

六大意识（问题意识、改善意识、目标意识、成本意识、主人意识、团队意识）。

（黄剑黎编写）

一、节本提质增效综合技术集成与示范

【适用范围】

经产奶牛存栏 100 头以上的家庭牧场或奶牛养殖企业。

【解决问题】

建立牛群档案，实现信息化管理，方便生产管理；通过奶牛体型线性鉴定，为奶牛选种选配提供依据；通过牛号识别与发情辅助鉴定，提高牛群发情鉴定率；利用专业的营养与日粮配制及供料系统，实现制定配方与操作配方的一致，实现牛群精准饲喂；在挤奶厅安装牛奶计量、电导率等检测器，实时监测牛群的生产与健康状况，为预防疾病提供数据支持；通过环境监测，提高牛群的舒适度；对奶牛粪便进行无害化处理后转化为种植业肥料和生物能源物质，形成种养结合生态循环型奶牛养殖业。

【技术要领】

1. 档案信息管理

奶牛档案信息从犊牛出生开始建立，档案信息包括系谱、生长发育、配种、产犊、产奶等记录；有条件的牧场，还应记录体尺体重、体况评分、体型线性鉴定记录。

奶牛档案可采用个体资料卡存档保存，同时可利用专业的牧场信息管理软件（功能主要包括牛群管理、繁殖管理、产奶管理、日粮配方、智能预警等）进行日常管理，为智能化牧场管理提供数据支持。

奶牛个体资料卡（样表）

个体编号：3 7 8 6 0 1 1 0 0 2 1　　　管理编号：□□1□1□2□1

品　种	荷斯坦	来　源	自繁	正面照片		右侧照片		
出生日期	11.02.12	出生地	本场					
是否胚胎移植	否	毛　色	黑白花					
父亲编号	国家	育种指数	母亲编号	头胎305天产奶量，kg	最高305天产奶量，kg	母父编号	母母编号	母母父编号	母母母编号
USAM0002149849	美国	TPI=1325	090023	6896	8598	41106868	060096	11106003	040096

	生长发育						体况评分					
项　目	出生	6月龄	12月龄	15月龄	24月龄（产后2天）	48月龄（含孕体）	胎次	分娩前15天	分娩后5天	分娩后30天	分娩后60天	干奶当天
体　重，kg	39.5	166	360	413	513	550	1	3.75	3.25	2.75	2.50	3.25
体　高，cm	70	112	132	135	138	140	2					
体斜长，cm	70	109	136	143	146	148	3					
胸　围，cm	78	127	160	171	185	195	4					
体况评分	—	3.0	3.0	3.0	3.25	3.0	5					
断奶日期	04.02	线性	日期	评分			6					
断奶重，kg	68	评定	日期	评分			7					

离场日期＿＿＿＿＿　离场原因＿＿＿＿＿

繁殖记录表

胎次	配种、妊娠				分娩						流产	
	始配日期	公牛编号	配孕日期	配种次数	日期	性别	毛色	出生重kg	犊牛编号	产犊难易	日期	原因
第1胎	12.6.12	41109862	13.7.3	2	13.03.21	母	黑白花	40	130024	易		
第　胎												
第　胎												
第　胎												
第　胎												
第　胎												
第　胎												

产奶性能记录表

胎次	项目	每个泌乳月测定日产奶量，kg										干奶日期	305天产奶量，kg
		第1个月	第2个月	第3个月	第4个月	第5个月	第6个月	第7个月	第8个月	第9个月	第10个月		
第胎	产奶量，kg	18	30	32	29	27	25	23	20	18	13	2014.1.29	7015kg
	乳脂%/乳蛋白%	3.6/3.1	3.5/3.0	3.5/2.9	3.6/3.1	3.6/3.1	3.6/3.1	3.6/3.1	3.6/3.1	3.6/3.1			
	体细胞数，10⁴个/ml	13	12	11	13	14	15	15	13	15	12		
第胎	产奶量，kg												
	乳脂%/乳蛋白%												
	体细胞数，10⁴个/ml												
第胎	产奶量，kg												
	乳脂%/乳蛋白%												
	体细胞数，10⁴个/ml												
第胎	产奶量，kg												
	乳脂%/乳蛋白%												
	体细胞数，10⁴个/ml												
第胎	产奶量，kg												
	乳脂%/乳蛋白%												
	体细胞数，10⁴个/ml												
第胎	产奶量，kg												
	乳脂%/乳蛋白%												
	体细胞数，10⁴个/ml												
第胎	产奶量，kg												
	乳脂%/乳蛋白%												
	体细胞数，10⁴个/ml												

图 3-1　奶牛个体资料卡

牧场管理信息系统

2. 体型线性鉴定

通过体型线性鉴定手持终端（用于体型线性鉴定和体况评分），对符合线性鉴定的牛只进行评分（9分制），与种公牛信息进行比对后，结合种公牛后裔测定，选择适宜的冻精进行配种，为奶牛选种选配提供依据。

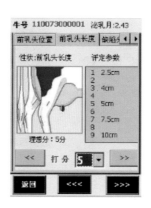

奶牛体型鉴定系统（手持式终端设备及界面）

175

3. 牛号识别与发情辅助鉴定

给青年牛和泌乳牛安装计步器，通过牧场或挤奶厅安装的感应器自动识别牛号并记录当天的活动量，实时监测牛只活动量、产奶量等数据，辅助配种员进行发情鉴定，提高发情鉴定率，对牧场制订配种工作计划具有重要指导作用。

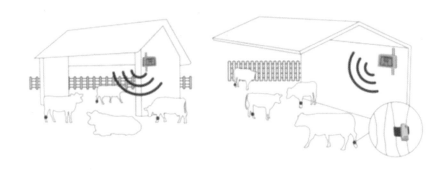

牛号感应识别与计步无线传输

实际生产中，找牛的工作量（评分、调群、配种、治疗等）很大。可以利用冷烙号技术（利用液氮、烙号器等）对牛只进行标识（管理牛号），更便于牛只日常管理。以色列大部分牧场应用这一技术进行牧场管理。

烙号器

4. 牛群营养与日粮配制

根据牛群档案、产奶量、乳成分、体重和体况等数据，利用奶牛

烙号牛群

营养需要量模型（CNCPS 模型或 NRC 模型）或行业标准（NY/T 34—2004《奶牛饲养标准》），计算出牛群的营养需要量。利用配方软件配制牛群日粮营养水平和组分比例，在 TMR 饲料搅拌车上加装电子称重显示器，TMR 各组分在线称重添料，可以实现无线传输与手机实时监测，保证电脑配方与生产配方的一致性。

自走式 TMR 饲料搅拌车与电子称重系统

5. 生产与健康状况实时监测

奶牛厅安装牛号感应识别器、牛奶电子计量器、乳成分在线检测器、电导率检测器，实现牛号自动识别，泌乳牛进入挤奶位时，牛只所佩带的颈圈或计步器与挤奶位的感应器对应识别，每头牛产奶量，乳成分、体细胞、电导率在线检测和实时传输，系统自动分析出每头牛的配种、营养和健康状况，牧场管理者随时掌握奶牛的生产性能及健康状况，对脂蛋白比异常，体细胞、电导率较高的个体牛只，及时进行诊断治疗，防止病情加重、预防疾病的发生。

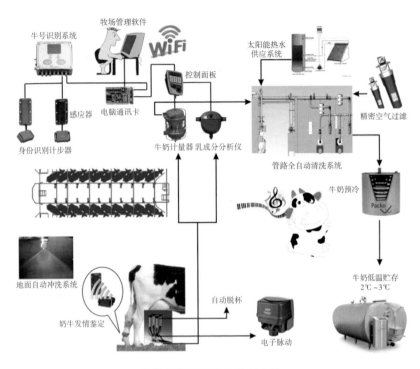

挤奶厅物联网信息技术应用

6. 环境监测

牛舍内安装氨气等气体检测终端及温湿度感应器，通过数据实时反馈，电脑自动控制风机和喷淋装置的启动，保证牛的舒适度。例如：在牧场牛舍内安装温湿度感应器，当温湿指数（THI）高于72时，开启风扇或喷淋降温系统。喷淋管道安装高度 1.5~1.8m，喷头角度以能喷到牛躯干为准。牛舍温度达到 22℃，打开风扇。大于

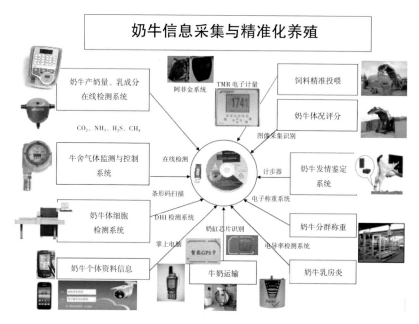

奶牛信息采集与精准化养殖

25℃，喷淋 30s，循环 10min；大于 27℃，喷淋 1min，循环 5min；大于 32℃，喷淋 1min，循环 3min；开启喷淋同时开启风扇。

牛舍喷淋降温设施设备

7.奶牛粪便处理与资源循环利用

奶牛粪尿采用防渗处理的管网化收集，进入沉淀井，再进行固液分离。分离出固体部分通过翻抛、筛选和包装等工艺流程加工成生物有机肥，用于作物等施肥。污水经污水管网进入污水池，经气浮机处理后进入集液池、再进入 UASB 厌氧发酵塔处理。厌氧处理后的污水进入光伏大棚内的浮萍污水处理系统，污水先经缓冲池进行曝气，再进入利用氮、磷效率高的浮萍（或水培蔬菜等经济作物）养殖池内进行净化。净化水可用于景观湖贮水或作物灌溉，或经中水处理设备过滤、杀菌后再回用于奶牛生产；浮萍用于开发高附加值的生物能源物质或奶牛饲料。

沉淀井、固液分离、污水池、集液池、UASB 厌氧塔

【应用效果】牛群实现信息化管理，奶牛发情鉴定率提高 30~40 个百分点；奶牛脂蛋白比合理，体细胞数控制在 20 万以内，乳房炎发病率降低 50%~80%，奶牛群体产奶量提高 10% 以上，粪便资源化利用率达 95% 以上，生产效率提高 30% 以上。

【注意事项】牧场需要配备专业技术人员或引进社会专业化服务进行管理。

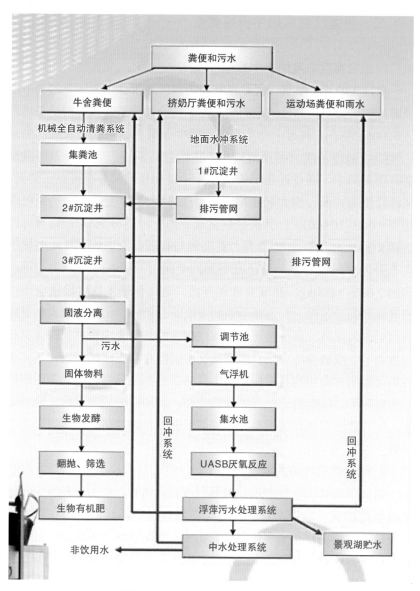

粪便和污水处理与循环利用工艺流程

二、黑龙江寒区奶牛养殖要点

1.适合寒区养殖的奶牛品种

在过去的几十年里，黑龙江省作为寒区地带，主要饲养的奶牛以中国荷斯坦为主，并已经适应了北方寒区的饲养条件，产奶量平均可达7000kg左右。而近十几年，随着奶牛养殖业的兴起和发展，黑龙江省陆续引进了澳大利亚荷斯坦、新西兰荷斯坦、智利荷斯坦以及娟荷杂交奶牛。通过近几年的饲养管理和DHI数据分析可以了解到，在泌乳性能方面，澳大利亚荷斯坦表现最好，平均305d产奶量可以达到9 000~10 000kg；其次是娟荷杂交奶牛，平均305d产奶量可以达到8 000~9 000kg；而新西兰荷斯坦与智利荷斯坦泌乳性能差异不大（引进时间偏短，产量还有增加的空间），平均305d产奶量可以达到7 000~8 000kg。在饲养管理方面，这几种奶牛均可以适应寒区的气候和饲养条件，只是在个别的方面略有差异。比如，澳大利亚荷斯坦奶牛的皮薄，皮下脂肪少，所以在寒冷时期要注意牛舍的保温和湿度调节，以减少冷应激；娟荷杂交牛同样存在皮薄的问题，其乳头在不保温的牛舍中容易冻伤，乳房悬韧带松弛的偏多；智利荷斯坦奶牛的肢蹄不适应集约化饲养的硬质地面，其蹄质偏软、偏小，蹄病偏多，所以要注意地面的平整度和蹄部保健；新西兰荷斯坦的综合素质较好。

2.适合寒区种植的本地饲草

黑龙江省冬季气候寒冷，最低温度达-45℃，从国外和国内其他地区引进的优良牧草品种很难在黑龙江省越冬。目前在黑龙江省推广种植的品种主要有肇东苜蓿、龙牧801紫花苜蓿、龙牧803紫花苜蓿、龙牧806紫花苜蓿和东北羊草、燕麦和小黑麦等几个品种。

（1）肇东苜蓿　肇东苜蓿是黑龙江省地方良种，属直根系，根深叶茂，主茎较直立、光滑，叶片大部分呈绿色，部分叶片为豆绿色。花色为深浅有别的紫色。植株高大，成株高128 cm以上，再生速度1.88 cm/d，叶量43.2%，自然风干率29.0%，年均产干草7827 kg/hm^2。

（2）龙牧801号、龙牧803号苜蓿 龙牧801号苜蓿和龙牧803号苜蓿，是用野生二倍体扁蓿豆与地方良种四倍体肇东苜蓿进行远缘有性杂交育成的两个异源四倍体苜蓿新品种。两个品种均为豆科苜蓿属草本植物，均为近肇东苜蓿中间型，株型比较直立；根系为近肇东苜蓿的中间型，轴根系，侧根和须根都少；主茎比较直立，少数倾斜，多四棱形，光滑，绿色和红色茎各占一半左右；叶由三个小叶组成，叶形与大小不等。龙牧801号苜蓿多近似扁蓿豆的窄形叶，龙牧803号苜蓿则近似肇东苜蓿的长圆形叶，叶量略高于肇东苜蓿；花为总状花序，可分为长、中、短三种。花色为深浅不同的紫花；果实为荚果，呈螺旋状；花期株高70~80 cm，成熟期90~110 cm；根茎分枝数多于肇东苜蓿，生育期110d左右。

龙牧801号苜蓿抗逆性强，龙牧803号苜蓿以丰产性好为主要特点。两个品种适应性广，对土地要求不严，从大兴安岭寒冷湿润区到松辽平原温暖湿润区的黑土、pH值在8.16~8.40的盐碱地和黄壤土以及温凉湿润的白浆土等均可种植。它们都比较耐旱，年降水量在300~400 mm的地区种植生长良好。同时也比较耐涝，积水50余天尚可成活60%左右。抗病虫害的能力较强，不发生扁蓿豆的白粉病，对虫害蓟马也有一定的抗性，强于肇东苜蓿。龙牧801号苜蓿的特点是抗寒，耐碱性较强，在冬季少雪、-35℃和冬季有雪-45℃可以安全越冬，气候不正常年份越冬率可达82.0%，龙牧803号苜蓿达78.0%，肇东苜蓿仅为52.0%。

（3）龙牧806号苜蓿 龙牧806号紫花苜蓿为高产、高蛋白、高抗性的豆科牧草，是以肇东苜蓿与扁蓿豆远缘杂交F3代群体为原始材料，采用系统选育方法，历经10年选育而成。龙牧806号紫花苜蓿株型直立，株高75~110 cm，叶卵圆形，生育期100~120 d。龙牧806号紫花苜蓿以抗寒、抗旱、耐盐碱、产草量高、粗蛋白质含量高等为主要特性。在寒冷干旱区-35~-45℃条件下越冬率达98%~100%；在年降水量220~300 mm地区生长良好；初花期干物质粗蛋白质含量19.1%~22.0%。在黑龙江省二年生干草产量为

$7\ 500\sim11\ 218\ kg/hm^2$。对白粉病、虫害蓟马有一定抗性，适宜东北、华北、西北、内蒙古等地区种植。

（4）东北羊草 东北羊草系从黑龙江及内蒙古呼伦贝尔草原优势建群种中采集种子，经过人工栽培驯化形成的适应性强、产草量高、品质好、优良性状稳定的根茎疏丛型禾草。东北羊草具有非常发达的地下横走根茎，主要分布于20cm以上的土层中。茎秆直立，单生或疏丛状。叶片灰绿色或蓝绿色，有白粉，质地较硬而厚，正面粗涩，背面平滑，扁平或干后内卷。穗状花序硕生，直立，小穗孪生，在花序上下两端常多单生。种子（颖果）长椭圆形，千粒重2.0 g。东北羊草抗寒、耐旱、耐盐碱、耐践踏，最适宜肥沃的壤质土或沙壤质土上生长，在排水不良的草甸土或盐化土、碱化土中亦能良好生长，但不耐水淹。在湿润年份，茎叶茂盛常不抽穗，干旱年份草高叶疏，能抽穗结实。根茎发达，无性繁殖能力强，种子成熟后易脱落，发芽率低。适宜在内蒙古及黑龙江省年降水量300 mm以上的地区种植，生育期110d左右。

（5）燕麦 燕麦是禾本科燕麦属（Avena）一年生草本植物，依种子带壳与否分皮燕麦和裸燕麦两大类型。世界各国多以种植皮燕麦为主，而我国则以种植裸燕麦为主，在很多地方俗称莜麦。由于其具有喜冷凉、耐瘠、抗旱的特性，因此，主要分布在我国华北北部、西北和西南的高纬度、高海拔、高寒干旱半干旱地区。裸燕麦是家畜、家禽的上好饲料。含糖量高，适口性好，植株高大，茎细，叶量较多，宜于刈割后调制干草。其中，裸燕麦秸秆中含粗蛋白质5.2%、粗脂肪2.2%、无氮抽出物44.6%，均比谷草、麦草、玉米秆高；难以消化的纤维28.2%，比小麦、玉米、粟秸低4.9%~16.4%，是最好的饲草之一。

（6）小黑麦 饲用小黑麦是目前国内生产上仅有的通过国家和有关省、市审定，具有自主知识产权的饲料小黑麦品种，适宜在我国黄淮海、西北和东北地区种植，也适宜在江南利用冬闲田种植。

　　饲用小黑麦结合了小麦和黑麦双亲的优点，杂种的生长优势强，茎叶生长繁茂，株高达 1.5~1.7m，叶茎比高，而且早熟，在 5~6 月鲜草亩产量便可达到 3 000kg，产草量比冬牧 70 黑麦增产 10%~15%，比饲料大麦增产 40%~50%，是高产型饲用麦类新作物。饲用小黑麦中富含蛋白质、脂肪、碳水化合物和维生素，可为动物提供丰富的能源，试验结果显示，每 kg 小黑麦可提供 3703kcal 能量，优于饲料大麦和高粱。饲用小黑麦对白粉病免疫，高抗三锈（叶锈、条锈、秆锈）和病毒病，虫害少，绿叶持续期长，整个生长期内不需要喷洒农药，是绿色优质青饲作物。饲用小黑麦根系发达，下扎深，分布广，抗旱性强，耐铝、硫离子，对土壤的酸碱性要求不严；可在我国北方种植，也可在南方栽种，适应性广，适栽区域较宽。

　　3. 寒区牛舍设计要点

　　（1）牛舍的设计　　奶牛最适宜的温度是 15~25℃。在北方的冬季，室外气温通常在 -20℃ 以下，为此，奶牛舍建筑宜采用钟楼式或半钟楼式保温舍。选址上要首选北面靠山（背风）的朝阳地段，牛舍的朝向为南向偏西 10°~15° 为最好，这样可以最大限度地吸收太阳辐射

寒区牛舍

热能，同时，朝向偏西可使风吹向牛舍的西北角，避免北墙正面迎风，达到保温隔热的目的。砖面墙体厚度不低于 40 cm，并且内外墙体用水泥抹面，外墙可以使用保温材料（因为牛只经常触及墙体，内墙不宜使用墙体保温材料）；屋顶采用保温彩钢瓦（两侧屋顶加装采光带），阳面窗大，阴面窗略小，南窗和天窗（半钟楼立面）宜采用能开关的全玻璃塑钢窗，便于冬季防寒和随时开启通风换气；屋顶与墙体连接处要用发泡剂做好封闭，增强保温效果；牛舍大门多采用钢制保温门（宜采用上方吊装滑道式推拉门），最大程度缩小缝隙，起到防寒保暖的作用；如果采用刮粪板进行牛粪收集的牛舍，适宜将刮粪板设计成从东西两侧向牛舍中间的对刮式，这样可以避免冬季牛舍东西两侧温度偏低而将刮粪板冻结的问题。值得注意的是，北方牛舍的设计重点就是保温，同时兼顾冬季和夏季的排湿与通风需要。

（2）牛床的设计　北方牛舍的卧床宜采用双排四列式，如果采用双排六列式的时候，靠近南北窗的卧床在冬季会很冷，既降低奶牛舒适度又减少了上床率；牛床最好是在硬化的沙土基础上，铺垫至少 15 cm 的干燥、松软的垫料，在北方可采用稻壳、锯末等容易获取的廉价物资，也可以添加发酵后的牛粪（干湿分离之后的）。

（3）饮水槽的设计　饮水槽的设计要考虑到冬季水温偏低和饮水及水管冻结的问题。因此，北方牛舍的饮水槽要有加热和保温（在饮水槽侧壁和底部）设计，水管要做保温处理；如果饮水槽采用电加热方式的，则要考虑到电路的设计，避免因牛只破坏而导致的触电事故；最宜采用热交换原理进行水槽加热，可考虑使用奶厅热源以及锅炉热源与饮水系统进行热交换，可以保证水槽内水温在 16℃ 左右即可。

（4）牛舍的温度　冬季产奶牛舍温度一般保持在 10℃ 左右，靠奶牛体温散热即可达到，不需供热。当舍内牛只数量太少时，可将奶牛集中于一侧，以塑料布或草帘隔开，能起到保温效果；对新生犊牛舍，要增加供热设施，确保舍温不低于 18℃；对出生 1 周龄以上的犊牛，可转入犊牛舍实行小栏饲养，多铺垫草，见湿就换，舍温不低于

10℃；犊牛栏以及犊牛舍内应该尽量做好保温和防透风工作，避免贼风吹到犊牛身上（秋冬和初春季节）；犊牛舍内既要保证合理的通风，又要避免风速过快，风速不应超过0.2m/s。

4.寒区奶牛的饲养管理

北方冬季较长，气温较低，对奶牛生产和产奶性能造成极大的影响，出现奶产量下降，有的奶牛乳头冻坏，乳房冻伤，新生犊牛由于寒冷死亡率大幅度上升。为减少严寒冬季对奶牛生产造成的影响，更应该加强防寒、防冻措施，强化饲养管理。

（1）做好牛舍的防寒保暖　在保证舍内湿度适宜的基础上，冬季牛舍内的温度一般应保持在8~17℃，温度过高也会对牛产生副作用。当夜间气温降到0℃以下时，应将奶牛赶入圈舍内过夜，以防冻伤乳头或体能过多消耗。在冷空气入侵、气温突然下降时，应及时堵塞后窗和通风孔，搞好圈舍的保温。特别是围产期的母牛、新生犊牛、高产牛的圈舍要适当加温，保证牛舍温度在15~17℃。此外，奶牛白天在运动场内活动的时间不宜超过6个小时，最好是上、下午各活动3个小时。严寒时期不宜在舍外活动。奶牛入圈舍后，要注意保证牛舍内通风良好，湿度不能过大，相对湿度不宜超过55%。湿度过大会对奶牛产生强烈的外界刺激，影响其产奶量，严重者还会感染一些真菌类疾病。同时，要及时清除粪尿，保持圈舍清洁干燥。因此，即使是寒冷的冬天，保持牛舍通风良好也是很有必要的。所以，在冬季打开通风口或启动通风设备进行通风换气，要比保持牛舍温度重要得多。

（2）饲料多样化　进入冬季后，奶牛易受外界环境温度变化的影响，因此应及时调整饲料配比，力求多样化。在精饲料的供给方面，蛋白质饲料不变，玉米的供给量要增加20%~50%，从而增加能量饲料的比重；在粗饲料方面，最好饲喂青贮、微贮饲料或啤酒糟等，以此代替夏、秋季奶牛采食的青绿多汁饲料。冷天昼短夜长，不但白天要喂好，夜间还要加喂一槽或增加推料数。饲草要做到多样

青贮饲料

化，这样营养才全面。

（3）**饮用温水** 给奶牛饮温水，水温在 16℃以上，可以减少奶牛饮冰冻水的能量损失。实践证明，泌乳牛冬季饮温水可以减少奶牛产奶量损失 5%。建议产奶、怀孕牛饮水温度为 15~16℃；犊牛为 35~38℃。

（4）**挤奶厅的保温排湿** 冬季，挤奶工会关闭奶厅的通风口进行保温，而这样就使挤奶厅的湿度和氨气浓度升高。这种做法对奶牛和工人来说都是不利的，反而给病原微生物提供了温床。因此，奶厅内必须有打开的通风口，以保证通风换气量。为了更好的通风，挤奶班次之间，要打开所有通风口进行彻底换气。

（5）**犊牛的保温**

① 影响犊牛的寒冷因素。寒冷的冬季对于犊牛来说是一个非常严峻的挑战。犊牛没有脂肪储备，不足以抵抗很低的温度，而且它们的免疫系统还没有完全发育好。在寒冷的天气，为了维持体温，需要较多的能量供给，但是给犊牛提供的食物却往往不能满足能量的消耗，这就很容易导致犊牛能量负平衡、低体温症和缺乏抵抗力。

　　当考虑犊牛因为环境因素导致的能量损失时，不能只考虑环境温度，还有其他因素也会影响"有效的环境温度（EAT）"，即犊牛的体感温度。如当犊牛生活在一个清洁、干燥的稻草卧床上，它的体感温度可能比实际温度高8~10℃；相反，当犊牛生活在有贼风、潮湿的环境中，它的体感温度可能比实际环境温度低8~10℃。动物对高温和寒冷的耐受力取决于每单位体重的体表面积。而犊牛相对于成年牛来说，每单位体重的体表面积较大，因此，传导和对流对于犊牛来说相当重要。

　　② 风是空气在动物周围的运动，对犊牛维持体温的能力影响非常大。空气的运动增加了水的蒸发量和热对流，蒸发意味着给动物降温，新产牛对温度非常敏感，特别是低温，所以给犊牛提供庇护所是必须的。

　　③ 水分通常由湿度来表示。空气湿度可以影响奶牛维持热平衡性的能力。同时，水分从皮肤蒸发对给奶牛降温也很重要。

　　④ 降雨或者下雪雨或雪会把奶牛的毛发打湿，这样就降低或者消除了毛发的保温能力。特别是在冬季，雨或雪会使热量损失大大增加。

　　⑤ 奶牛的毛发可以隔绝外界环境的影响，对其维持热平衡性的能力影响显著。特别是在寒冷的天气，这种作用尤为重要。毛发里保存着一层稳定的空气，当这层空气被粪尿、水、泥土等破坏时，毛发的绝缘性就大大降低，也就是降低了奶牛的热平衡能力。如果在寒冷的季节，奶牛的毛发被厚厚的粪便和泥土黏住，其基础代谢就要增加来弥补热量的过度损耗。

　　⑥ 通过以下方法，可以帮助犊牛顺利渡过寒冷的冬季。保证初乳的及时和足量灌服，增强被动免疫效果。保证牛奶的温度适宜，并且及时供应，以免产生不必要的应激。把白天的饲喂时间尽量分散开来，白天最后一次饲喂尽量晚一点，早上最早一次饲喂尽量早点，以保证冬季长夜的能量供应。确保全天都有足够且高质量新鲜的开食

料，这不但会增加犊牛的开食料采食量，促进瘤胃的发育，并且会给它们提供另一种食物来源以满足营养的需求。提供足够多的、干净的饮水，供给热水并且勤换，避免水冻结。饲料消化的过程中，大量的水是必不可少的。给犊牛提供保温外套，帮助它们度过寒冬。为了避免热量流失，牛床要勤换垫料，并保持干燥。在寒冷的季节，稻草是很好的牛床垫料，犊牛可以深深地窝在里面保暖。如果是密闭性牛舍，可以给牛舍加温，但要保持通风，注意要严格避免贼风直接吹到犊牛身上。

参考文献

[1] 孙德林，路永强，熊本海．国内外奶业精细化管理设施与设备手册 [M]．北京：中国农业大学出版社，2014

[2] 中华人民共和国农业行业标准．NY/T 3049–2016 奶牛全混合日粮生产技术规程

[3] 曲永利、吴健豪、刘立成、张永根，等．应用 CPM 模型改善日粮能氮平衡和提高奶牛生产性能的效果评价，动物营养学报 [J]．2010, 22(2):310–317.

[4] 孟庆江，刘景喜，王永颖等．饲喂酸化奶对犊牛生长指标的影响 [J]．中国奶牛，2017(03):5–8.

[5] 曹学浩，刘景喜，孟庆江等．饲喂酸化奶对犊牛生长、血液指标和腹泻的影响 [J]．天津农业科学，2017, 23(2):20–25.

[6] 韩静，孟庆江，刘景喜等．饲喂酸化奶对犊牛采食量、腹泻率、血清生化及免疫指标的影响 [J]．中国饲料，2016(18):20–23.

[7] 周贵，曲桂娟，杨春馥，万克军，王光辉．奶牛干乳期的饲养管理 [J]．吉林畜牧兽医，2008, 29(12):33–34.

[8] 李迎昕．奶牛干奶的方法及干奶期的饲养管理 [J]．养殖技术顾问，2013(4):33.

[9] 吴宏刚，王大奎．高产奶牛干奶期饲养管理 [J]．中国畜牧兽医文摘，2012, 28(6):55.

[10] 王春璈．奶牛疾病防控治疗学 [M]．第一版．北京：中国农业出版社 .2013.

[11] 肖定汉．奶牛病学 [M]．第一版．北京：中国农业大学出版社 .2012.

[12] 李秀波，刘义明，赵蕾蕾，闫星，张道康．一种奶牛干乳期用盐酸头孢噻呋乳房注入剂及其制备方法 [P]．北京：CN104546704A

[13] 李秀波，刘义明，徐飞，闫星，刘茂林，张道康，黄慧丽．一种奶牛干乳期用硫酸头孢喹肟乳房注入剂及其制备方法 [P]．北京：CN104873462A

[14] 李秀波，刘义明，闫星，张道康，赵蕾蕾，刘茂林．一种奶牛泌乳期用硫酸头孢喹肟乳房注入剂及其制备方法 [P]．北京：CN104546703A

[15] 李秀波，徐飞，刘义明．一种用于奶牛的乳房灌注给药装置 [P]．北京：CN206063256U

[16] 刘茂林，刘义明，徐飞，张道康，黄慧丽，李洽，李秀波．硫酸头孢喹肟乳房注入剂中有关物质的检测方法 [J/OL]．中国农业科学 ,2016,49(15):3054–3062.

[17] 闫星，刘义明，路永强，张道康，刘茂林，张宁，王天坤，郭江鹏，李秀波．硫酸头孢喹肟乳房注入剂对泌乳期奶牛的安全性研究 [J]．中国畜牧兽医，2014，41(11):278–282.

[18] 吴彤，赵蕾蕾，张道康，徐飞，张宁，江善祥，刘义明．盐酸头孢噻呋乳房注入剂对干乳期奶牛的安全性分析 [J/OL]．畜牧兽医学报，2016，47(08):1733–1738.

[19] 布病课题组．布氏菌羊种 M5–90 弱毒菌苗的研究 [J]．中国地方病防治杂志．1991，02:65–68.

[20] 李季，彭生平．堆肥工程实用手册 [M]．第 2 版．北京：化学工业出版社，2011.

[21] 王岩．养殖业固体废弃物快速堆肥化处理 [M]．北京：化学工业出版社，2004.

[22] 全国畜牧总站．粪污处理技术百问百答 [M]．北京：中国农业出版社，2012

[23] 董红敏，陶秀萍．畜禽养殖环境与液体粪便农田安全利用 [M]．北京：中国农业出版社，2009

[24] 刘东华．几种适合黑龙江省种植的牧草品种 [J]．黑龙江畜牧兽医，2013 (10) :105–106.

[25] 祝明，郭影成．北方地区冬季奶牛养殖管理措施 [J]．吉林畜牧兽医，2013，34 (12):51–52.

[26] 刘晓光．冬季奶牛防寒保暖的措施 [J]．养殖技术顾问，2013(1):36–36.

[27] 刘晓光．冬季奶牛饲养管理技术 [J]．贵州畜牧兽医，2013，37(01):35–35.

[28] 吴显斌，钱海峰，闫立衡．浅谈寒区奶牛舍设计中防寒与通风问题 [J]．现代化农业，2013(12):47–48.

[29] 苑清国．冬季奶牛防寒保暖的方法 [J]．养殖技术顾问，2011(4):68–68.

[30] Amotz．牧场冬季管理要点 [J]．中国乳业，2014(12):41–43.

[31] 李志强．苜蓿干草营养价值评定方法研究进展 [J]．饲料广角，2002，11，21–24.

[32] 李志强．苜蓿干草质量评价 [J]．中国奶牛，2013，15，7–9.

[33] 李志强．燕麦干草质量评价 [J]．中国奶牛，2013，19，1–3.

[34] 李长才．苜蓿青贮部分替代玉米青贮对泌乳奶牛生产性能的影响 [D]．硕士学位论文，北京：中国农业大学，2015.

[35] 赵华杰．不同品种与不同生育期燕麦干草矿物元素与蛋白组分的动态变化研究 [D]．硕士学位论文，北京：中国农业大学，2016

[36] National Research Council. The Nutrient Requirements of Dairy Cattle, 7th Revised Edition. National Academy of Sciences, Washington, D.C. 2001.

[37] Dias Junior GS, Ferraretto LF, Salvati GGS, de Resende LC, Hoffman PC, Pereira MN, Shaver RD: Relationship between processing score and kernel–fraction particle size in whole–plant corn silage. J Dairy Sci 2016, 99(4):2719–2729.

[38] Bal MA, Shaver RD, Jirovec AG, Shinners KJ, Coors JG: Crop processing and chop length of corn silage: effects on intake, digestion, and milk production by dairy cows. J Dairy Sci 2000, 83(6):1264–1273.

[39] Shaver RD, Erdman RA, Vandersall JH: Effects of silage pH on voluntary intake of corn silage. J Dairy Sci 1984, 67(9):2045–2049.

[40] Onetti SG, Shaver RD, Bertics SJ, Grummer RR: Influence of corn silage particle length on the performance of lactating dairy cows fed supplemental tallow. J Dairy Sci 2003, 86(9):2949–2957.

[41] Ferraretto LF, Fonseca AC, Sniffen CJ, Formigoni A, Shaver RD: Effect of corn silage hybrids differing in starch and neutral detergent fiber digestibility on lactation performance and total–tract nutrient digestibility by dairy cows. J Dairy Sci 2015, 98(1):395–405.

[42] Weiss K, Kroschewski B, Auerbach H: Effects of air exposure, temperature and additives on fermentation characteristics, yeast count, aerobic stability and volatile organic compounds in corn silage. J Dairy Sci 2016, 99(10):8053–8069.

[43] K. Wang, E. Uriarte, S. Li, D. Bu, K. Rich, C. Banchero, M. Wilkinson, and K. K. Bolsen. Effect of silage covering systems on fermentation, nutritional quality, and estimated organic matter loss of corn silage after 156 days of storage in a drive–over pile. J Dairy Sci .Suppl. 2017

[44] Fox D G, Barry M C, Pitt R E, Roseler D K, Stone W C. Application of the Cornell net carbohydrate and protein model for cattle consuming forage[J]. Journal of Animal Science, 1995, 73: 267–277.

[45] Ruiz R, Albrecht G L, Tedeschi L O, Jarvis G, Russell J B, Fox D G. The effect of a ruminal nitrogen (N) deficiency in dairy cows: evaluation of the cornell net carbohydrate and protein system ruminal N deficiency adjustment[J]. Journal of Animal Science, 2002, 85:2986–2999.

[46] Tedeschi L O, Fox D G, Chase L E, Wang S J. Whole-Herd Optimization with the Cornell Net Carbohydrate and Protein System. I. Predicting Feed Biological Values for Diet Optimization with Linear Programming[J]. Journal of Animal Science, 2000, 83:2139-2148.

[47] Yang Z, Wang Y, Deng Y, et al.Effects of feeding untreated, pasteurized and acidified waste milk and bunk tank milk on the performance, serum metabolic profiles, immunity, and intestinal development in Holstein calves[J]. Journal of Animal Science & Biotechnology, 2017, 8(1):53.

[48] Bosseray N. Control methods and thresholds of acceptability for antibrucella vaccines. [J]. Developments in Biological Standardization, 1992, 79.121-128.

[49] Office International Des Epizooties. http://www.oie.int/fileadmin/Home/eng/Health_ standards/tahm/2.01.04_BRUCELLOSIS.pdf

[50] World Health Organization(WHO). 1997. Report of the WHO Working Group Meeting on Brucellosis Control and Research: The Development of New/Improved Brucellosis Vaccines. http://www.who.int/emc.